21世纪高等学校动画与新媒体艺术系列教材

丛书主编：吴冠英　贾否　朱明健　陈小清

网站策划与设计

谭亮 编著

武汉大学出版社

图书在版编目(CIP)数据

网站策划与设计/谭亮编著. —武汉:武汉大学出版社,2010.4(2019.8 重印)
21 世纪高等学校动画与新媒体艺术系列教材
ISBN 978-7-307-07383-8

Ⅰ.网…　Ⅱ.谭…　Ⅲ.网站—设计—高等学校—教材　Ⅳ.TP393.092

中国版本图书馆 CIP 数据核字(2009)第 187944 号

责任编辑:罗　挺

出版发行:**武汉大学出版社**　　(430072　武昌　珞珈山)
　　　　　(电子邮箱:cbs22@whu.edu.cn 网址:www.wdp.com.cn)
印刷:湖北恒泰印务有限公司
开本:889×1194　1/16　印张:8.5　字数:159 千字
版次:2010 年 4 月第 1 版　　2019 年 8 月第 5 次印刷
ISBN 978-7-307-07383-8/TP·343　　　　定价:49.00 元(含光盘一张)

版权所有,不得翻印;凡购买我社的图书,如有质量问题,请与当地图书销售部门联系调换。

21世纪高等学校动画与新媒体艺术系列教材

编委会

主　编：
吴冠英（清华大学美术学院）
贾　否（中国传媒大学）
朱明健（武汉理工大学）
陈小清（广州美术学院）

编　委：
吴冠英（清华大学美术学院）
贾　否（中国传媒大学）
朱明健（武汉理工大学）
陈小清（广州美术学院）
何　云（北京印刷学院）
陈　瑛（武汉大学）
翁子扬（武汉大学）
周　艳（武汉理工大学）
邓诗元（湖北工业大学）
马　华（北京电影学院）
王　磊（中国传媒大学）
叶　风（清华大学美术学院）
王之钢（清华大学美术学院）
王红亮（河北大学）
钟　鼎（广州美术学院）
林　荫（广州美术学院）
黄　迅（广东工业大学）
汤晓颖（广东工业大学）
罗寒蕾（广州画院）
吴祝元（华南农业大学）
胡博飞（湖北美术学院）

序

　　动画,因为它的"假定性"特质,以及在故事编撰、表现材料、想象塑造和声音设计上给作者以极大的维度,因此,它可以自由地表现人们无限的梦想。在许多人的成长记忆中都有几部可以津津乐道的动画片或几个有着很深印记的卡通形象,而儿童更是对动画片有着天生的痴迷。其绚丽的色彩、夸张的造型以及匪夷所思的故事,深深地吸引着他们充满好奇的眼睛。动画的神奇魔力不言而喻。而相对于动画的学习者而言,则完全不同于观赏者的角度。它需要全面、系统的知识和技能做支撑。可以说,动画是所有艺术门类中,艺术与科学最密不可分的一门综合、多元的艺术,也是最需要具备团队合作精神的创作状态。这是作为一个合格的动画人的基本素质。

　　在当下媒体形态和传播方式不断变化的情况下,我们集中了全国主要的综合性院校及专业艺术设计院校中动画及相关学科的骨干教师,编著了这套近三十册的动画教学丛书,基本涵盖了动画及其外延专业的主干课程,内容涉及前期创意至中后期制作的各个环节,对学习动画所应掌握的知识结构作了较为明晰的梳理和归纳,同时也反映出国内各院校对动画艺术教学的探索与思考。

　　对于动画创作而言,时间永远是最重要的,还等什么,我们一齐动手吧!

清华大学美术学院 吴冠英

2009年3月28日

前　言

"网站策划"和"网站界面设计"在数字媒体传播与艺术设计领域中扮演着重要角色，也是随着计算机、数码及互联网络技术的广泛应用而逐渐在高等院校中开设的课程。很多大学都相继开办了"新媒体"、"数码艺术"、"多媒体设计"、"网络游戏"等专业，在这些专业中又设置了"网站策划"、"网页设计"等课程，然而在目前的教学中缺少具有针对性和能够系统训练学生的教材。在这样的背景下，本书立足于将网站的策划与设计两方面结合，由浅入深，系统地介绍了网站的构思、规划、建设的过程。配套光盘包含了大量的网页模板、教学课件，既是课程教材，也可作为设计的参考资料。

本书内容全面系统，结构清晰，穿插大量新颖的实例和色彩丰富的屏幕截图，以及大量的信息图表，使枯燥的概念原则变得容易理解。教材注重实践能力的培养，实用性和可操作性较强，将理论学习与实践操作紧密结合在一起。

市面上相关书籍大多数是网站制作软件的教程，刚刚接触网站相关课程的学生在面对大量的网站制作软件书籍时往往会不知如何选择而不知所措，而本书将告诉你，在阅读其他书籍之前，你需要提前了解什么。在这里你可以学习如何协调网站策划与设计之间的关系，只有认清楚建设网站的目标和设计形式之间的关系，才能创作出优秀的作品。通过本书，你将懂得如何更好地展开创作思路，熟悉理念和方法，帮助你更有效地把这些概念传达给与你合作的人们，并实现从网站策划到用户体验的过程。

目录 Contens

第 1 章 互联网基础与网站概述／001

1.1 互联网基础/003

1.2 网站概述/013

第 2 章 网站策划基础／031

2.1 什么是网站策划/033

2.2 网站策划的流程/036

2.3 域名策略/050

第 3 章 网站的信息结构／059

3.1 网站信息结构/060

3.2 网站界面/068

目录 Contens

第 4 章 界面设计与形式/079

4.1 网站导航设计/080

4.2 版式与布局设计/086

4.3 色彩设计/096

第 5 章 界面风格教学实例/103

5.1 网站界面风格与风格分析/104

5.2 网页风格表现/110

5.3 《网站策划与设计》课程/117

在当今时代，不管你是否使用过互联网，我们生活的方方面面总是受到互联网的影响。互联网对人类社会的影响不仅表现为信息传播手段和方式的更新，而且对许多领域都产生了深远的影响。同时我们也必须认识到，网站是互联网存在和发展的基础，因而在深入探讨网站策划与设计之前，应该了解互联网的发展背景以及网站的基本概念。

互联网的英文名称即Internet，"Inter"的含义是"互相，在……之间"，"net"是指"网络"，互联网的概念图如图1-1所示。互联网以不可思议的速度高速发展，并且深刻地改变着人类的学习、生活和工作方式。与此同时，互联网还正在影响着世界各国的经济发展，甚至成为某些信息技术发达国家经济持续发展的驱动力。1997年7月18日，全国科学技术名词审订委员会发布的信息科学领域英文名词"Internet"的中文译名定为"互联网"，此前"Internet"还被称作国际互联网、交互网络、网际网等（在后文中的"互联网"和"Internet"意义相同）。

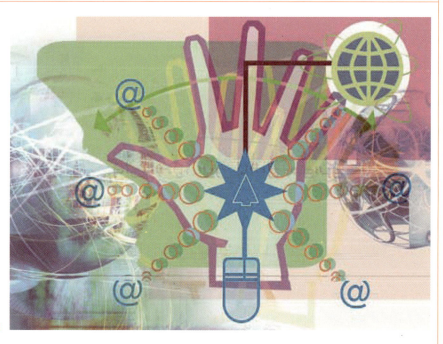

图1-1　互联网

Internet是一个全球性的巨大的计算机网络体系，它把全球数万个计算机网络和数千万台主机联结起来，包含了难以计数的信息资源，向全世界提供信息服务。Internet的出现是世界由工业化走向信息化的必然和象征，但这并不是对Internet的定义，仅仅是对它的一种解释。从网络通信的角度来看，Internet是一个以TCP／IP网络协议联结各个国家、各个地区、各个机构的计算机网络的数据通信网。今天的Internet已经远远超过了一个网络的涵义，它是一个信息社会的缩影。虽然至今还没有一个准确的定义来概括Internet，但可以确定的是，这个定义应从通信协议、物理连接、资源共享、相互联系、相互通信等角度来综合描述。

Internet是20世纪末兴起的以提供信息为主的计算机互联网络，是人类历史上发展最快、规模最大、涉及面最广的科技成果之一，它把计算机技术、通信技术和多媒体技术融为一体，形成了以信息为中心的跨国界、跨文化、跨语言的全新的网络空间，从此人类社会进入了一个前所未有的信息化时代。自从互联网技术应用到商业领域以来，在商业资本的推动下，互联网的发展十分迅速，技术不断创新，尤其是进入到20世纪90年代中期以后，其规模和发展速度更是惊人。

据中国互联网络信息中心统计，1997年1月中国大陆用户在该机构共注册了1695个域名。iResearch咨询集团整理WebHosting.Info关于全球通用顶级域名的相关统计数据显示，2008年2月，在全球各国和地区通用顶级域名数量排名Top10的国家中，美国以6219万的绝对优势排名第一位，其次是德国、英国和加拿大，通用顶级域名的数量分别为528万、347万和308万，中国以273万个通用顶级域名的数量排名第五位。目前互联网已经在各大洲延伸和扩展，成为世界上覆盖面最广、规模最大、信息资源最丰富的信息网络系统。

本节从Internet的发展入手，介绍其发展过程和成为网络经济发展原动力的原因，同时介绍Internet的主要功能以及与企业建网站有关的基础知识。

1.1 互联网基础

1.1.1 互联网的产生和发展

Internet的历史并不长，但它带给人类的影响却是巨大的。现在只要有一台与Internet相连的计算机，不论它是PC、Macintosh（俗称苹果机）还是Unix工作站，也不论它采取何种方式连入Internet，任何人都可以通过它访问处于Internet上任何位置的Web站点。

1.Internet产生和发展的三个主要阶段

（1）研究试验阶段

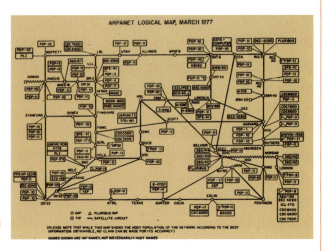

图1-2　ARPAnet的逻辑设计图

从1969年ARPAnet（简称阿帕网）的诞生至1985年Internet主干网的形成，这段时间是Internet的研究试验阶段，也称这个阶段的Internet为研究网。

Internet起源于美国国防部高级研究计划署（DARPA）于1969年研制的用于支持军事研究的计算机实验网络ARPAnet（Advanced Research Projects Agency Network），ARPAnet的逻辑设计图如图1-2所示。设计与实现ARPAnet的目的是使网络能够经得住故障的考验而维持正常工作，即当网络的一部分因受攻击而失去作用时，网络的其他部分仍能维持正常通信。当时ARPAnet只连接了四个节点：洛杉矶的加利福尼亚大学、斯坦福的SRI、圣巴巴拉的加利福尼亚大学分校和犹他大学。这就是Internet最早的形态。

1973年，在英国伦敦大学与挪威的NORSAR之间，ARPAnet第一次实现国际连接。1983年，ARPA批准TCP／IP网络通信协议为美国的军用标准，与此同时，SUN公司将TCP／IP引入广泛的商业领域。随着TCP／IP的标准化，美国国内许多网络通过该协议与ARPAnet互联，并与世界上许多国家实现了远程通信。

在此期间，美国一些机构也开始建立自己的面向全国的计算机广域网络，其中最重要的是美国国家科学基金会NSF（National Science Foundation）建立的NSFnet。

1985年NSF斥巨资建造了全美国五大超级计算中心，又在全国按地区建立了一些计算机广域网并分别与某个超级计算中心连接，然后将五个超级计算中心互联构成NSFnet的主干网，向全社会开放。

（2）发展阶段

从1986年NSFnet建成并取代ARPAnet成为Internet的主干网，到1995年4月NSFnet宣布停止运作，由美国政府指定的三家私营企业（Pacific Bell、Ameritech

Advanced Data Services and Bellcore和Sprint）替代其职能，这段时间为Internet的发展阶段，这一阶段完成了Internet从"研究网"向"运行网"的转变。

NSFnet建成并取代ARPAnet成为Internet的主干网后，许多大学、政府资助的研究机构甚至私营的研究机构也纷纷把自己的局域网并入NSFnet，以共享NSF巨型计算机的运算能力。

世界各国在此期间也积极发展建设本国的网络，法国、欧洲其他部分国家、日本相继建成自己的网络，我国在此期间也积极开展了这方面的研究和相关的工作，中国科学院等一些单位通过长途拨号方式进行国际联机，实现了数据库联机检索，这是我国Internet的开始。各国围绕Internet的投入和应用，为Internet迈向商业化提供了巨大的驱动力。

(3) 商业需求促使Internet高速应用的阶段

自1993年美国提出"信息高速公路计划"后，Internet的规模不断扩大，并扩展到商贸等许多领域。

从1998年开始，随着光纤通信领域的"波分复用"技术的成熟与应用，使得只需增加一些辅助设施，在不改变现有通信设备的前提下，就可以把光纤的通信容量扩大数千倍。也就是说，通过技术手段的改进，在原有互联网的主干网上可以容纳更多的用户使用，传输更多的数据。

企业发现利用Internet可以为自己节省大量的费用，并且可以在Internet上向分布在全球的客户提供在线支持，于是纷纷将Internet作为商业平台，出现了电子商务应用浪潮，形成了今日的商业网。

随着WWW技术的发展，Internet在全球范围内以令人吃惊的速度高速地发展。最近几年，Internet的规模迅速发展并覆盖了全球大多数国家，连接的网络已超过6万个，主机超过500万台，并且还以每年15%～20%的速度增长。

2. Internet在中国的发展

第一阶段为1986—1993年，主要实现了与Internet的电子邮件连接。1986年北京计算机应用技术研究所建成CAnet与德国卡尔斯鲁厄大学连接；1989年中国科学院高能物理研究所（IHEP）与美国斯坦福加速器中心实现电子邮件连接；1990年电子部十五所、电科院、复旦大学和上海交通大学建立CRN与德国GMD连接；1990年清华大学建成校园网TUnet与加拿大UBC连接。

第二阶段从1994年起，主要实现与Internet的TCP/IP连接，开始提供Internet的全功能服务。

在这一阶段主要建成了以下五大网络：

① ChinaNet：中国公用计算机互连网（即163网），由原邮电部投资建设，于1994年启动。

② NCFC：中国国家计算与网络设施，底层为中国科研网CASnet、清华大学校园网TUnet和北京大学校园网PUnet，高层为连接国内其他科研教育单位和国际Internet主干网。

③ CERnet：中国教育科研网，由清华大学、北京大学等十所高校承建，首期工程（1994—1995年）着重网络中心建设，二期工程（1996—2000年）连接全国大部分高校和数千所中小学入网。

④ GBnet：中国金桥信息网，由原电子部、电力部和铁道部投资建设，吉通公司负责承建、运作，于1996年9月建成开通。

⑤ CEInet：由国家信息中心和各省市信息中心、部分部委信息中心共同创建，于1996年年底建成开通。

Internet在我国的发展十分迅速，1994年我国Internet只有一个国际出口，300多个入网用户，而2008年中国互联网用户规模已经达2.44亿人。

如图1-3所示，DCCI互联网数据中心发布的《中国互联网调查报告》显示：2007年中国互联网用户规模增长率达33.8%，2007年中国互联网用户规模增长率较

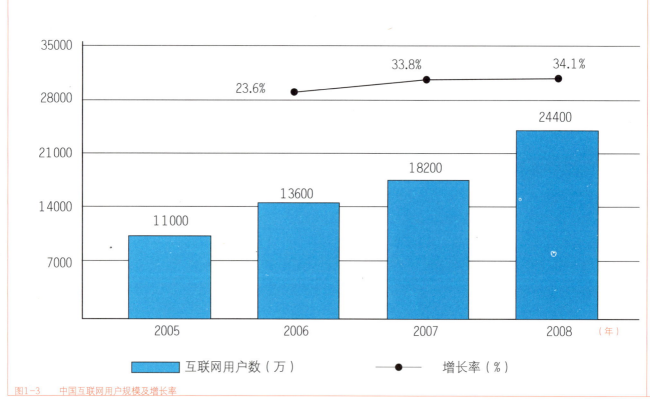

图1-3 中国互联网用户规模及增长率

2006年增长33.8%，预计2008年较2007年增长率将达34.1%。

此外，《中国互联网调查报告》还显示：2008年中国互联网综合门户企业市场营业规模将达161.9亿元，广告收入将大幅增长。2007年中国综合门户企业市场营业规模为123.5亿元，较2006年增长22.3%。

3. 网络浏览器

在出现了图形界面浏览器Mosaic之后，Internet才真正起飞。

1990年瑞士的Tim Bemers-Lee发明了WWW（World Wide Web，简称Web）网，又称"万维网"。WWW网主要由两部分组成，一个是Web服务器（Web Server），用以发布信息；另一个是浏览器（Browser），用以获得信息。用户通过超文本链接技术（Hypertext），可以方便地浏览Internet上任何一台主机里的信息。

Lee的浏览器是在Next电脑上开发的，主要用于研究。早期的WWW网只有文本信息，没有图像、声音，也没有色彩，没有类似Windows的界面。

1992年下半年，美国伊利诺斯大学（Illinois）年轻的学生马克·安德森决定给WWW网加上图形，他和NCSA（国家超级计算中心）的同事Eric Bina一起合作，经过辛苦的研究和勤奋的工作，终于在1993年1月完成了Unix版Mosaic浏览器的开发工作。

马克·安德森给WWW网的超文本语言（HTML）增加了一些新特点，特别是可以显示图像，Mosaic的设计使用户可以十分方便地浏览WWW网的内容。Mosaic一出现立刻获得了成功，不到几个星期，世界各地的用户就下载了数以十万计的拷贝，Web服务器的站点数目也随之飞快增长。

Mosaic赋予WWW网极大的活力，人们突然发现，WWW网是发布和交换信息最方便的地方。与传统印刷出版业相比，WWW具有实时、低成本的特性，可以用几乎为零的费用将文件发给世界上任何一个地方的任何人。WWW网最强大的地方就是效率，让用户自己主动地去"拉"（pull）信息，而不是将信息强行"推"（push）给用户。

市场需求促使马克在大学毕业后开始了自己创业，成立了Netscape通信公司，开始开发功能更完善、速度更快的新版浏览器Navigator。

1995年WWW网有了更令人惊奇的发展，原来网上的内容基本上是静态的，声音和影像因占用太多的空间而不能普及应用，但人们不断开发新技术来支持更丰富的媒体。SGI公司发布了可以显示三维立体场景的Web Space；Progress Network开发了支持网上广播的Real Audio技术，使网上语音的传播只需要几秒钟；Sun发布了跨平台的开发语言Java，不管电脑是Mac还是PC，都可以运行Java的程序，它极大地推动了Internet的发展。

WWW网上的内容虽然包罗万象，但它们都需要通过工具去获得。浏览器是获取网上信息最方便的工具，它已经成为Internet上的新平台。

浏览器的使用引发了Internet上的无限商机，商家逐渐认识到Internet不仅仅是提供和收集信息的场所，而且是一个很好的商业平台，纷纷利用Internet进行商业活动，这样就促使网络经济产生并飞速地发展。

1.1.2 Internet的主要功能与服务

1. Internet的功能

Internet的功能十分强大，不仅在学术界普遍受到重视，其商业应用潜力也非常巨大。在Internet上你可以参加各种会议，可以在网上与一些素昧平生但志趣相投的朋友成立讨论组，可以与天南地北的网友们聊天（Internet Relay Chat），也可以与全球各地的游戏迷们打游戏（MUD），可以在第一时间了解到某公司的最新产品，可以在网上选购国外某公司的商品等。Internet的功能不胜枚举，只要你能想到的，几乎都能在Internet上实现。

Internet的功能主要有以下七个方面：

（1）收发电子邮件

电子邮件的优势是能够实现一对多的信息传递，利用它可以同时向有关人员发送同一内容的邮件，也可以召开分散于全球各地的成员进行电子会议，通过瞬时交换电子邮件进行工作。

（2）网上交流与合作

利用Internet可以与遍布全球的专家和科研人员在网上进行交流与合作，通过电子布告板提出问题听取专家学者和用户各方面的建议，如远程会诊、网上会议等。

（3）了解商业机会和发展趋势

在Internet上几乎可以获得无所不包的信息，可以毫不夸张地说，只要想得到，在Internet上就可以找到。通过Internet可以帮助更多的公司实现收集、调研和销售与商贸活动有关的信息，向客户提供在线服务支持。

（4）远距离数据检索

利用远程登录，用户可以使用任何地方的与Internet相连的计算机资源。获取相应的用户识别号和密码后，可以直接访问、查询异地的各种商业性和专业数据库中的有关数据。

（5）文件传输（FTP）

利用文件传输功能，可以解决企业从生产到销售各个环节的配合与联络不方便的问题，如设计人员通过Internet将设计方案或有关的技术解决方案直接传输给生产厂家或客户。

(6) 充分利用Internet上的免费资源

目前在Internet上的公共软件里有许多免费软件,很多公司利用这些软件来缩短产品的开发时间。

(7) 研究和出版

出版商利用FTP进行文稿的传递、编辑和发行,以减少出版的时间和费用。

2. Internet提供的服务(如表1-1所示)

表1-1　Internet提供的服务

网络服务	服务功能
电子邮件（E-mail）	发送和接收电子邮件
远程登录（Telnet）	连接和使用远程主机
文件传输（FTP）	文件传输和复制
万维网（WWW）	超文本信息访问和查询系统
信息检索（Gopher）	菜单式信息检索系统
文档服务器（Archie）	匿名FTP文档检索
电子公告栏系统（BBS）	多人参与的论坛系统
新闻论坛（Usenet）	专题讨论系统
广域信息服务器（WHOIS）	数据库信息检索系统

(1) 电子邮件服务（E-mail）

电子邮件（E-mail,俗称"伊妹儿"）是一种通过Internet与其他用户进行联系的快速、简便、高效、廉价的现代化通信手段。用户可以通过Internet将电子邮件即时地发送到世界各地,是人们使用Internet进行信息传递的主要途径。

电子邮件由邮件头（mail header）和邮件体（mail body）组成。其中,邮件头包含收信人邮箱地址（To）、发信人电子邮箱地址（From）和信件标题（Subject）三个部分,邮件体为邮件实际要传送的内容。

据统计,Internet上30%以上的业务量是电子邮件。Internet电子邮件之所以得到迅速的发展,主要是它与其他的通信手段相比有以下明显的特点和优势。

方便性:通过电子邮件,用户可以传送各种数字信息,如文本信息、图像文件、各类数字报表以及计算机程序等,现在还可以发送带语音的E-mail。

快捷性:电子邮件的收发都是一瞬间的事情,几十秒内就可将内容传送到世界各地的收信者手中。发一份电子邮件给美国的一位朋友,通常来说,几秒内就能收到,最慢的也不会超过几个小时。如果选用传统邮件,发一封航空信需要1~2个星期,即使是特快也需要数天的时间。

经济性:在Internet上发送电子邮件没有地域上的差别,与电话、传真等方式相比可节省大量的费用。发一封航空信到美国要花几块钱，发一封特快专递要花上几百元，而通过E-mail发送同样的内容到美国却几乎不要钱。

很多人在使用了Internet一段时间后会发现E-mail是他们最常用也是最富有感情的一种信息交流手段。E-mail已经成为用户之间传递信息和计算机之间传递资源的重要途径。

(2) 远程登录服务 (Telnet)

Telnet原为Unix操作系统下的一个命令，作用是远程登录，即用户可以通过网络连接，从本地的计算机登录到远端的计算机主机上，暂时作为该主机的终端，并利用它完成自己的工作。

远程登录是指在网络通信协议Telnet的支持下，用户的计算机通过Internet暂时成为远程计算机终端的过程。进行远程计算机登录，首先要成为该系统的合法用户，并有相应的账户和密码，然后可以实时使用远程计算机对外开放的全部资源。

全世界的许多大学图书馆都通过Telnet对外提供联机检索服务，一般政府部门和研究机构也将它们的数据库开放，供用户通过Telnet查阅。在进行远程登录时，用户首先应在Telnet命令中给出远程计算机的通信域名或IP地址，然后根据对方系统的要求正确地键入自己的用户名和口令。

一些Internet上的数据库还提供开放远程登录服务，查询这类数据库不需要事先取得账户及口令就可以使用该系统公开的公共用户。

(3) 文件传输服务 (FTP)

FTP是文件传输协议 (File Transport Protocol) 的缩写，它允许Internet上的用户将一台计算机上的文件传送到另一台计算机上，FTP服务是由TCP/IP的文件传送协议支持的。

FTP是一种实时的联机服务，在工作时先要登录到对方的计算机上。使用FTP几乎可以传送任何类型的文件，如文本文件、二进制文件、图像文件、声音文件、数据压缩文件等。

如果说WWW网页是Internet的入口和展示信息的窗口，FTP服务器就是Internet的资源宝库，它包含各类实用软件、各种电子书籍等。

主要特点：资源丰富、集中。世界上有数千个FTP服务器，每一个都用于存储一些特定资源，大部分信息都以压缩方式保存，包含各种类型的文件。

主要用途：FTP的主要用途是把远程计算机中的文件传送并装载到自己的计算机上，或者把自己计算机上的文件传送并装载到远程的计算机中，即上传或下载各类软件、电子书籍等。

FTP工作方式：FTP工作在服务器/客户机方式下。FTP客户机通常是指用户自己的计算机，FTP服务器是存在于Internet上提供FTP服务的计算机，一个FTP服务器相当于用户机器上的一个硬盘。

上传与下载：通常将用户自己计算机上的硬盘称为"本地（Local）硬盘"，FTP服务器上的硬盘称为"远程（Remote）硬盘"。从"本地硬盘"上拷贝文件到"远程硬盘"上称为"上传（Upload）"；从"远程硬盘"上拷贝文件到"本地硬盘"上称为"下载（Download）"。常用的FTP客户软件有Cute FTP、WS-FTP、FTP Explorer等，也可使用IE、Netscape等软件访问FTP服务器。目前在世界上已有上千个文件服务系统为用户提供各种信息资源，如通用程序、共享软件、研究报告和各类论文等，用户可使用FTP把自己感兴趣的文件下载到自己的计算机中，也可将自己的作品上传到各文件系统内。

Anonymous（匿名）服务：在Internet上有许多文件服务系统都提供一种称为"不记名文件传送服务"（Anonymous FTP），用户在登录时可以用Anonymous作为用户名（即"匿名"账号），用自己的电子信箱地址作口令，进入文件服务系统。采用这种方式进入，只拥有有限的存取操作权限。

(4) WWW服务

WWW的含义是环球网，是一个基于超文本（Hypertext）方式的信息查询工具，是Internet的组成部分之一，简称Web，它最大的特点是拥有非常友好的图形界面和非常简单的操作方法以及图文并茂的显示方式。

WWW系统采用客户机/服务器结构，在服务器端定义了一种组织多媒体文件的标准——超文本标识语言（HTML），按HTML格式储存的文件被称为超文本文件（Hypertext），在每一个超文本文件中通常都有一些超级链接（Hyperlink），把该文件与别的超文本文件联结起来构成一个整体。

超文本和超级链接可以支持文本、图像、声音、动画、视频等多媒体信息，使得WWW成为Internet上最流行和最具吸引力的部分，浏览Web也成为当今最主要、最常用、最普遍的Internet服务。WWW把Internet上现有资源全部联结起来，使用户能够在Internet上查找已经建立了WWW服务器的所有站点提供的超文本、超媒体资源。

在客户端，WWW系统通过浏览器查阅Web信息。浏览Web就是通过HTTP（Hyper Text Transport Protocol，超文本传输协议）在Internet上传送以HTML编写的网页内容，从而进行信息交流。

通过浏览Web的方式几乎可以进行所有的Internet服务，如收发E-mail、上传或下载文件、查看新闻组、参与BBS讨论、进行网上电话等，支持文字、图像、声音以及动画等多种媒体信息。

WWW具有使用简单方便的特点，用户只需使用鼠标单击即可找到自己需要的信息，可用于访问其他Internet资源（如FTP、Gopher等），具有良好的实时性。

WWW主要有以下几种用途：

浏览信息：查看各种信息，大部分网站都是基于这一目的。

搜索信息：使用搜索引擎可以查找各种类型的信息。

交流信息：可以使用Web BBS或网上聊天室与他人进行信息交流。

电子商务平台就建立在WWW之上，企业或个人也通过它构建自己的网站或发布自己的主页。

特别要注意，WWW只是Internet的一个部分，不要将WWW与Internet混为一谈。Internet还包括FTP、BBS等其他部分，Web实际上是一种全球性通信系统，该系统通过Internet使计算机相互传送基于超媒体的数据信息。

浏览Web时，一般使用网景公司的Netscape Navigator软件或微软公司的Internet Explorer（简称IE）软件，另外还有中国大陆的Maxthon（遨游）浏览器、绿色浏览器等软件，这些软件功能非常人性化，甚至比IE好用。

(5) Gopher信息查询服务

Gopher（Go for的谐音）是一种基于菜单式的信息查询系统，它可将用户的请求自动转换成FTP或Telnet命令，在分级菜单的引导下，用户通过选取自己感兴趣的信息资源完成对Internet上的远程联机系统进行实时访问，这对于不熟悉网络资源、网络地址和网络查询命令的用户十分方便。

Gopher可以访问FTP服务器、查询校园名址服务器、查计算机中的电话号码、检索学校图书馆馆藏目录以及进行任何基于远程登录（Telnet）的信息查询服务。

(6) Archie信息查询服务

为了帮助用户在遍及全世界的近千个FTP服务器中寻找所要的文件，Internet上的一些计算机提供一种称为文件查询服务器（ArchieServer）的服务，用户只要给出希望查找的文件类型及文件名，文件查询服务器就会指出哪些FTP服务器存放着这样的文件。

除了接受联机查询外，许多文件查询服务还受理用户电子邮件发来的查询。

(7) 电子公告栏系统（BBS）

BBS是电子公告栏系统（Bulletin Board System）的缩写，是有多人参与的论坛系统。在这里可以就任何话题找到人一起谈论，可以参加专题讨论、交流信息、查询信息或对打游戏等。

精华区是每个BBS站里最好的文章，为了节省时间，进入BBS后，可以先阅读精华区。

参与BBS可以使用NetTerm或Telnet远程登录软件，前者不论是软件的功能还是界面都比后者好。

(8) 网络新闻服务（Usenet）

Usenet是用户网络（User Network）的缩写变体。Usenet可以被看成是一个全球性的庞大的BBS，全世界无数的用户参与其中。Usenet中划分了许多讨论区，每个讨论区有一个主题，网友们针对此主题进行谈论，各抒己见。

Usenet中的谈论区称为网络新闻组（Newsgroup）。

网络新闻组（Newsgroup）是一种供用户完全自由参与的活动，只要用户的计算机具备一个称为"新闻阅读器"的程序，他就可通过Internet随时阅读新闻服务器提供的分门别类的消息，并可以将他的见解提供给新闻服务器并作为消息发送出去。

(9) WHOIS

WHOIS是Internet上一种常用的网络检索工具，它提供的服务方式为"白页服务"，一般用来查找某个用户或某个机构的E-mail地址、邮政地址和电话号码。WHOIS服务器中包含网络、主机、域名和网络用户的有关信息在内的数据库。

1.2 网站概述

1.2.1 网站是什么

网站到底是什么？让人产生以下这些感性的联想：

以字节为单位的店铺；

提供给用户的一个有价值、互动、个性的平台；

网站是一种高度信息化的产物，能听能看摸不到，使人们的沟通更加便捷，无污染；

一间店铺，你可以放产品上去卖，也可以把自己的照片放上去；

一个互动交流平台，拉近人和人的距离；

网站就是市场；

是别人的眼睛，是自己的窗户；

广告牌＋提款机；

代码容纳执行器，创意执行器，想法孕育器，以视觉传达表现；

网站是向人们展示信息的平台；

网络节点；

网站就是网上的占地块；

网络高速公路上的车站；

网站是一堆代码；

上网浏览信息的面板载体；

一份或许能为浏览者提供信息的在线电脑文档；

网站就是新形式的媒体；

网站是生意的延续和创意的发生地；

把自己的思想放在网上，用自己最好的方式来布置，从而向别人来展示自己；

无法在痛苦与无聊之间得到平衡的欲望；

虚拟信息实体；

网站是站长的命根子；

域名是商店名，空间是门市房，网站就是商品，管理员就是营业员；

网站是由域名（俗称网址）、网站源程序和网站空间三部分构成的一个赚钱机器；

网站是催化剂，控制因素是温度，温度适合时，迅速发挥作用，带来效益；

网站是为了将自己想要表达的信息通过虚拟的方式传递给别人而铺设的一座桥梁；

网站是谋生之处，虚拟生活的容身之处；

域名是网络世界的地皮，网站则是网络世界的房产；

……

总之，网站可以提供信息和娱乐，也可以为网站拥有者在虚拟网络中带来实际的价值。我们应该用更科学的语言去描述网站的概念。

网站具有包容性和映射性，它是一个将文字、图像、声音以数字化形式存储，并通过网络、计算机、终端形式再现的信息源。网站既可作为信息传递的索引，也可以是信息的集散地或信息传递的中间站。

网络信息资源分布是以网站为单位的。我们可以这样认为，网站是一个载体，其属性、功能取决于它承载的内容。无论是对网络服务还是网络内容而言，网站都应该是最基本的研究对象。由于提供的功能和服务不同，网站的作用也不尽相同。比如，提供超文本形式信息资源访问和链接服务的叫WWW网站，提供文件传输服务的叫FTP网站，提供电子公告牌服务的叫BBS网站，提供电子邮件服务的叫E-mail网站。我们所说的网站一般是指WWW网站，其概念图如图1-4所示。

从以上对网站的定义可以看出，网站就是在互联网上的一块固定的面向全世界发布消息的地方，它由域名（也就是网站地址）和网站空间构成。衡量一个网站的性能通常从网站空间大小、网站位置、网站链接速度、网站软件配置、网站提供的服务等几方面考虑。

那些仅从物理结构对网站的定义容易忽略网站的服务功能。对网站的定义必须兼顾软件和硬件两方面，不仅要涉及网站的硬件和网络结构，还要着眼于网站的软件和服务。

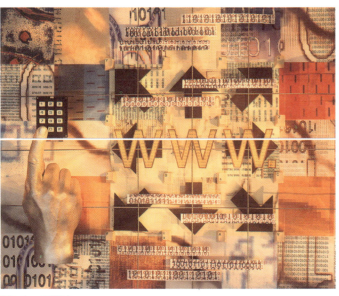

图1-4　WWW网站

1.2.2 网站的硬件和软件

1. 网站的硬件环境

尽管我们通常所说的网站是指存在于Web空间上的HTML文档、脚本和数据库等，但谁也不会否认网站的硬件环境的重要性，因为它是网站存在的物质基础。网站的硬件环境大致可以概括为两部分，即Web服务器和网络互联设备。前者为网站提供信息资源的运行环境和存储空间，后者则为网站提供与互联网链接的通道，两者都是网站不可缺少的组成部分。这里我们将着重介绍Web服务器，互联网接入服务一般都是由网络服务供应商（ISP）来完成，本书后面将会介绍网络接入的各种方式，作为这部分内容的补充。

服务器(Server)发展到今天，适应各种不同功能、不同环境的服务器不断地出现，分类标准也多种多样。服务器按应用层次划分为入门级服务器、工作组级服务器、部门级服务器和企业级服务器四类。

按照满足的需求不同，服务器类型和配置也会存在很大的差别。以CPU为例，普通的工作组服务器只有一路CPU，大型的服务器可以有多路CPU。对于Web服务器而言，常用的有两类服务器，一类是PC服务器，另一类是Unix服务器。

Unix服务器的CPU从1路到30路都有，主板最多可以达到16块，一般都有光纤接口。由于Unix服务器采用的是64位处理器，能满足企业应用和数据服务在速度、可靠性、可扩展性等方面的需求，成为一些门户网站和网络服务商的首选服务器。

服务器的选择属于比较专业的知识，非专业人员常常被服务器的各种指标和参数弄得一头雾水，在购买服务器时，服务器供应商通常会根据客户的具体需求作售前分析，并据此向客户推荐合适的产品。尽管如此，在选择Web服务器时还是有一些原则可以借鉴的，服务器的响应能力、与后端服务器的集成、管理的难易程度、信息开发的难易程度、可靠性和安全性是Web服务器选择的基本参考对象。

尽管从技术上讲，数据库和网页可以放在同一个服务器中，但是出于管理和安全的考虑，一些较大的网站常常是把数据库放在一个单独的服务器上，这个服务器称作数据服务器。其实数据服务器和Web服务器只是在网站中所扮演的角色不同，在网站的策划过程中是把两者当作一个服务器来看待的。

需要指出的是，由于服务器价格不菲，专线接入费用目前并不低廉，而且服务器需要专业人员负责维护和保障运行，对于一些规模不是很大的网站来说，自己购置Web服务器并不是非常经济的选择，现在许多网站是采用虚拟主机的形式建立站点而不是自己购置Web服务器。所谓虚拟主机，就是使用特殊的软件和硬件技术，把一台运行在互联网上的服务器主机分成一台台"虚拟"的主机，每一台虚拟主机都具有独立的域名，具有完整的Internet服务器（WWW、FTP、E-mail等）功能，虚拟主机之间完全独立，并可由用户自行管理，在外界看来，每一台虚拟主机和一台独立的主机完全一样。虚拟主机的服务器由网络供应商提供，客户只需按照使用的磁盘空间、Web服务的数量和数据库的使用情况来支付费用，目前互联网上绝大多数网站属于这种类型。

网站硬件的另一个重要的组成部分是网络互联设备，这些网络互联设备包括中继器、网桥、路由器、网关、交换机等，以及各种网络设备之间连接的光纤和网线。其实在网站的策划和运行中，网络互联设备并不需要单独考虑，网络服务供应商会负责这些设备的安装、运行和保障，客户只需要选择一种接入方式就可以把自己的服务器连到互联网上了。

2. 网站的软件环境

网站的软件环境包括操作系统、信息服务、数据库和安全防护等。服务器的操作系统主要有Microsoft Windows Server（如Windows NT 4.0、Windows Server 2000）、Unix、Linux等。信息服务实际就是配置WWW服务器和FTP服务器的站点，并在这里完成相应的服务设置。信息服务器和操作系统密不可分，这里把它单独拿出来强调，除了考虑到一些站点使用操作系统之外的第三方软件配置网络服务的因素之外，另一个原因就是为了突出它的重要性，具有同样操作系统的不同网站的安全性的差别主要就体现在这里。并不是所有的网站都需要数据库，不过现在提供信息动态更新的网站几乎清一色使用数据库。数据库是需要依赖操作系统存在的，尽管很多数据库都可以跨平台，但是人们根据实际经验，还是总结了一些最佳的组合模式，比如Microsoft Windows2000 Server操作系统与Microsoft SQL Server数据库搭配，以及Unix与Oracle数据库搭配都是比较理想的数据库搭配模型。服务器的安全防护软件主要有两类，一类是防病毒软件，一类是防火墙软件，前者的作用是防止病毒对程序和文件的破坏，后者防止非法入侵和攻击服务器。一般的防病毒软件和防火墙软件都有普通用户和服务器用户的区别，应用在服务器上的防护软件价格通常要比应用在普通计算机上的贵。关于服务器软件方面的知识本书后面还有详细介绍，这里就不赘述了。

通过上面的介绍，相信读者对网站的构成要素已经有了大致的了解。可以说，网站是通过服务器以及与其连通的网络向用户提供信息资源和服务的站点，这些服务可以是网页浏览、文件传输、电子邮件等多种形式。随着Internet的飞速发展，互联网在信息传播中的作用也越来越重要，逐渐成为继报纸、广播、电视之后的第四媒体。由于网络媒体的特殊性，其在信息传播领域中可谓独领风骚。

1.2.3 网站的传播

网络媒体是一个新兴媒体，它在信息传播上和报刊、广播、电视等传统媒体有所不同，网络媒体所独具的传播特点为网站的策划和功能的实现提供了广阔的空间。下面就通过网络媒体与传统媒体的比较来认识一下网站在信息传播中的特点。

1. 实时性

利用网站发布信息可以最大限度地减少传统媒体在信息产品制作过程中的环节，由它发布的信息可以最大限度地缩短从媒体传到受众的时间，因此网站发布信息的实时性是其他媒体所不及的。

以报纸生产过程为例，报纸的信息发布要经过信息采集、写作、编辑、排版、录入、校对、组版、出片、晒版、印刷、发行等一系列程序之后才能到达受众手中，而且信息的篇幅还要受到版面的限制，这些复杂的流程会使信息发布的时间延迟，所以报纸发布的信息是无法做到实时的。

电视同样无法做到信息的实时发布，因为电视的信息生产过程至少要经过采制、场记、粗编、精编、播放等环节，而且电视节目一般有固定的播放时间，这会延迟受众获取信息的时间。尽管现在的电视台也有一些实况转播，不过这都是各环节事先协调好的，是在有充分准备和技术保障的情况下实现的，要打乱正常的节目播出顺序，而且实况转播也不是发布信息的主要形式。广播的信息发布与电视十分类似。

网站发布信息的环节比较简单，一般的信息被采集之后只需要提交给编辑做好技术处理就可以和受众见面（诸如新闻发布会或者访谈之类的信息可以处理成实时同步，网站发布信息时能否实现实时由网站使用的技术手段来决定）。例如，2009年3月13日，国务院总理温家宝在北京人民大会堂与中外记者见面并回答记者提问，一些门户网站采取了实时在线视频报道，即使在不能够收看到电视的地方，只要有互联网络或者支持3G网络的手机也可以实时看到现场的情况。

网络信息的更新速度是其他媒体无法相比的，如果要发布的信息的信息量大而且时效性很强，最好选择通过网络来发布。在设计网站的时候，要考虑到是否需要添加动态信息栏，以便信息的及时发布和更新。

2. 多种媒体的结合

互联网使用超文本链接标记语言（HTML）来标记网页的页面格式，这不仅保证了不同的操作系统、不同的浏览器看到的网页是相同的，同时也赋予网页以丰富多彩的表现形式。传统媒体所有的表现形式如文本、图形、声音、视频、数据等，在网络媒体上都可以表现出来，所以说网络媒体是真正的多媒体。与报纸相比，网站不仅可以传递文本信息，而且文本的篇幅几乎不受约束；与广播相比，网站传递不仅可以传递声音信息，而且声音可以重复播放；与电视相比，网站不仅可以传递视频，而且视频的格式和质量有很多选择。正因如此，网站的信息表现形式是所有媒体中最丰富和最灵活的。

文本是网站最基本的表现手段之一。文本的格式要通过HTML语法进行标记，然后才能通过互联网传输到网络浏览器中，浏览器再根据HTML语法识别出原来的文本格式，这样处理的好处是可以保证浏览器传输的任何文本格式都能被兼容。

声音在网站上可以用多种形式表现出来，最常见的是MID格式、WAV格式和MP3格式。MID格式适合传递比较单调的数字音乐，如页面的背景音乐，它的优点是文件非常小，有利于提高网页的访问速度；WAV是Microsoft Windows的声音文件格式，由于这种格式制作出来的文件比较大，很少在网站上使用；MP3是一种压缩的音乐文件格式，它的音质要比MID好，文件也比较大，歌曲或者录音通常是使用这种格式，但是在线播放时需要安装播放器。

网上比较流行的图像格式是JPG（或JPEG）和GIF，两种格式都是压缩图像格式，图像抽取掉了很多视觉不易察觉的像素，以此达到提高网络传输效率的目的。其中GIF文件还可以做成连续播放的一组图像，具有简单的动画效果。值得一提的是GIF图像在没有图案的区域可以制作成透明的，使用它可以制作出很多漂亮的艺术效果，因此深受网站美工的喜爱。

网上比较流行的视频格式是MPEG和AVI，由于网络传输速度的限制，这两种格式很难做到实时播放。随着网络宽带的兴起，一种可以实时播放的压缩图像格式RM在互联网上流行起来。RM可以根据网络带宽的不同而选择不同的压缩率，从而保证图像和声音的连续性，当然这也是以牺牲图像质量为代价的。

此外，网站还可以传输数据格式文件，如程序等，这是其他媒体所不具备的功能。

为了提高信息传达的效果，我们在设计网站的时候可以考虑使用多种媒体形式。如果网站是虚拟主机，最好只使用图片和文本而不要添加大量的音频和视频，这样可以节省站点存储空间，提高网站的访问效率，同样的传输量，文本和图片要比音频和视频传递的信息量大。若是独立主机，在服务器的带宽和用户访问速度都有保证的情况下，可以考虑使用音频、视频、数据下载等多种表现形式，毕竟音频和视频的传达效果有明显优势。数据下载是网络媒体独有的特色，如果想要丰富网站的服务功能可以在这方面多花一些精力。

3. 交互性

传统媒体的传者和受者有着严格的区分界限，信息由传者传出，经过传播渠道，如报纸、广播、电视等，到达受者，这个信息传播的过程就结束了。在这个传播过程中，受者是无法把信息反馈给传者的，这是传统媒体的局限性。网站可以做到双向、多向的交流，传者和受者没有严格的分工，网民可以是信息的接收者，也可以是信息的发布者，这就是网络媒体的交互性。在实践中这种交互性体现在两个方面，一方面受者可以根据个人的兴趣有选择地浏览网上的信息，另一方面受者可以反馈信息，使双方永远处于一个动态的交流过程中。

鉴于这个特点，我们在策划网站的时候，可以设计一些互动性栏目，比如设计一个留言栏目来收集反馈信息，还可以开设一个论坛加强沟通，这些都是提升网站访问量的好方法。

4. 超级链接

网站的信息组织结构与传统媒体有很大的区别。传统媒体在信息组织上各自为政、互不往来，所提供的信息都是孤立的、没有关联的。网络媒体与其他媒体不同，它的内容组织是超文本形式的，用户可以从"网"的任一节点方便地链接到其他节点，这种指向互联网上其他网页或者位置的路径叫做超级链接（Hyperlink）。超级链接为受众提供了在页面中移动的自由，只要点击链接就能离开原来的网站，到达新的位置，根本不用管网上文件的物理位置或是人文属性。在页面中树形分支检索的横向链接和带导航的纵向链接几乎是无处不在，这些链接把受众带到一个个新的虚拟空间，使他们能接触到的信息更全面、更丰富。超级链接赋予受众自由选择信息的权利，这使得原本可能相互竞争的网站之间的界限变得十分模糊，很多网站都有自己的个性，受众所获得的不再像传统媒体那样只是一家之言。

为此，我们在设计网站的时候，要尽量给用户提供清晰明确的导航，防止用户在网页穿梭中迷航。同时，在栏目的设置和内容的组织上要力求新颖独到，避免雷同和重复。

5. 信息量巨大

报纸所能提供的信息量受版面约束，广播电视所能提供的信息量受播放时间的约束，尽管报纸可以增版，广播电视可以延长节目时间，但这都不是无限的。与传统媒体不同，网站所能提供的信息量是巨大的，而且几乎没有信息容量的瓶颈限制。随着信息量的增加，磁盘存储空间必然会增加，而服务器上磁盘空间非常便宜，其所增加的成本几乎可以忽略不计。从技术角度看，网站不受版面限制，不受时间长短限制，存储空间可以无限扩大，信息可以永远保留，这些特点决定了网络媒体比其他媒体有着天然的优势，因为它所提供的信息量是其他媒体所不能相比的。很多网站，尤其是门户网站，提供了包括政治、经济、文化、社会、科学等许多领域的信息，内容涉及整个人类的工作、学习、生活的方方面面，这也决定了网上的信息量是巨大的、包罗万象的。

事实上，尽管网站可以提供巨大的信息量，网站涉及的方面很多，想把每个栏目都做到专业水准必须要花更多的精力，但是每个网站的设计者和管理者的精力是有限的，如果没有门户网站那么庞大的管理团队，那么应该就把网站栏目做得少一些，更专业一些。

6. 检索

方便快捷的查询、搜索是互联网最重要的功能之一，其他媒体无法为受众提供这种服务。在关于网民上网目的的调查结果中，使用搜索引擎查找信息排在第二位，仅次于电子邮件，可见网站提供的方便快捷的检索功能深受网民的喜爱。

网站的检索功能实际包括以下两方面：

① 对一个网站内部经过人工分类的系统信息、内容和目录的搜索和查询，一些门户网站常见的站点分类就属于这种检索方式。

② 根据用户提供的关键词通过网站搜索引擎的程序对互联网上数亿的网页进行全文查找，并把找到的结果反馈给用户，像新浪、搜狐、雅虎、Google、百度等就属于这种类型。互联网借助于服务器CPU的强大运算能力，使复杂的查找在互联网上变得轻而易举。互联网的检索功能非常高效，输入必要的检索信息之后马上就能得到检索结果。

当然，由于互联网上网站和内容还比较混乱，所检索到的信息有很多并不是想要的有用信息，如何克服垃圾信息正是学者们研究的一个热点。

1.2.4 网站分类

网站作为一种信息资源，有一定的受众面。网站运营主体不同，其所服务的受众也不同。按照网站的运行主体，即网络内容服务商的不同，网站可大致分为：政府网站、企业网站、商业网站、教育科研机构网站、个人网站、其他非营利性机构网站以及其他类型网站等几类。在各类网站中，企业网站是绝对主力，在中国内地网站中4/5的站点都属于企业站点，其次是商业站点，约占中国内地网站总数的

1/10。

图1-5是DCCI互联网数据中心在2008年上半年的统计图，通过它可以看出中国内地互联网类型构成及比重，对确定网站策划和设计的主攻方向有一定的借鉴作用。

下面分别介绍主要站点类型及其特点。

1. 政府网站

自"政府上网工程"启动以来，我国各级政府部门积极响应，建立了很多政府网站，这些网站的域名大多是以gov.cn为后缀，gov是政府的英文Government的缩写，cn是中国的意思。政府网站主要功能是宣传并且提供政府信息资源，诸如本地（本行业）概况、新闻、基本信息、企事业单位简介、政府公告、部门结构和职能介绍、办事程序、政策法规和联系方式等。由于某些政府机构的特殊性与保密性，

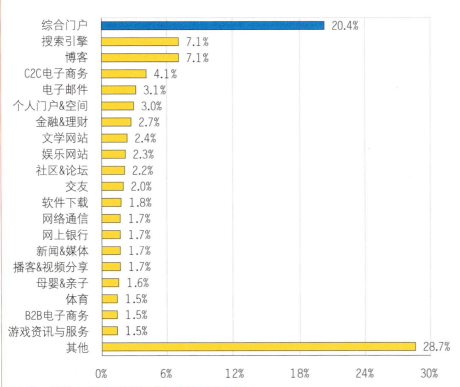

图1-5　2008年上半年中国互联网网站页面浏览量构成统计

其网站提供的信息比较简练，只能对机构职能作简单介绍，如人事部、司法部、外交部、公安部等。有的部门没有对外的网站，如国家安全部等。政府网站的另一个功能就是处理信息反馈并提供政府办事服务，不过对于大多数政府网站来说，这方面的潜力还有待进一步开发。

和其他网站相比，政府网站有三个特点，即规模大、信息量大、权威性强。政府网站要反映出政府的政务，网站要把所辖的方方面面、各行业的条条框框都体现出来，要担负对外宣传的任务，因此这样的网站栏目比较多，框架和层次比较复杂。由于政府的特殊性，重要的信息和数据最终都要汇总到各级各业政府部门，所以政府网站有条件披露更多信息，它的网站所能提供的信息量也会比较大，当然这也不绝对。与其他网站不同的是，政府网站所提供的信息更具有权威性，因为它是用政府的形象和威信来传达信息的。

从目前政府网站的运营情况来看，政府网站交互性服务水平普遍较低，单项服务最高的网站比例也在30％以下。政府网站的服务功能目前集中在"投诉、举报、信访"、"表格下载"、"民意调查、意见征集"这3项交互服务上，其比例分别为27.6％、20.1％和20.1％。此外，政府网上招标和网上采购服务也是政府网站的重要功能。政府网站的更新速度一般也比较慢，更新周期在6个月以上的高达93％。

总的来说，政府网站差别很大，可以说良莠不齐，两极差别比较大。有的政府网站栏目合理、页面美观、更新及时，有的则疏于管理，内容空洞陈旧，还有很大的改进空间。目前绝大多数政府网站还处在以宣传介绍为主要功能的阶段，具有电子政务功能的网站还是凤毛麟角。从网站的策划与设计的角度来讲，政府网站可以为业界提供巨大的发展空间。

2. 企业网站

企业网站指主要业务在网站的企业所建立的站点。对于新浪、搜狐等".com"公司所建立的虚拟的网络型网站，我们遵照美国权威调查机构Forrester Research的《全球B2B电子商务市场现状》中对网站的分类标准，将其列为商业网站的范围内。企业网站所提供的主要信息服务包括：企业介绍、产品服务介绍、行业新闻、企业动态、售后服务/技术支持、在线招聘信息、用户在线咨询/投诉、网上采购招标、网上购物（针对最终用户，即B2C）、网上销售（针对代理商、经销商，即B2B）等。

绝大部分企业网站提供"企业介绍"和"产品服务介绍"，超过半数的企业网站提供"企业动态"，接近半数的企业网站提供"在线招聘信息"，这些内容构成了企业网站的主体。给用户提供在线咨询、投诉以及行业新闻服务的企业网站并不是大多数，而进行网上交易的网站比例很小，有调查统计表明，企业网站的网上采购招标、B2B和B2C交易行为还不足10%。

目前，中国内地的企业网站主要都集中在制造业，约占企业网站的六成。邮电通信业、零售业、公关咨询广告业、社会服务业和金融保险业也占有一定的比例。总体来说企业网站发展水平不高，更新速度较慢，大多数企业网站半年左右才更新一次，而且企业网站的行业分布也不太合理，以比重最高的制造业为例，电脑、通信设备、网络设备、软件占到了制造业总网站的51.5%，其他与产业无关的制造业企业网站很少。企业网站的整体水平略优于政府网站，但与商业网站相比仍有很大的改进空间。

3. 商业站点

为了便于理解，我们把所有以网上商业活动为主的虚拟商业站点都列为商业网站。商业网站提供的主要信息服务包括新闻、在线数据库服务、网上社区、网上购物（B2C电子商务）、免费电子邮箱、搜索引擎、收费电子邮箱、免费主页空间、软件下载、收费主页空间、网上教育、B2B电子商务、在线聊天室、在线游戏、邮件订阅、网上酒店预订、网上股票交易、网上订票、拍卖和集体议价等。

有些商务站点不只进行商务活动，还提供新闻、邮件等免费的服务，这些站点通常称为门户网站。所谓门户网站即用户在上网时所选择的第一个网站，主要是提供综合信息服务。目前比较著名的国内门户网站有新浪、搜狐、网易、263首都在线等，它们是很多网民上网的第一步，是互联网上丰富信息的主要提供者，也是互联网上的中坚力量。但是这些门户网站并非完全公益，它们通过网上商城、收费邮箱、网络广告等形式获取利润，因此仍将其列为商业站点。

有些商业站点就是致力于网上销售，通过网络进行商务活动的网站，我们称为电子商务网站。商务网站具有效率高、成本低、资源配置优化等许多优点。按网站提供的信息来划分，商务网站分为辅助性商务网站和纯粹的商务网站两类。所谓辅助性商务网站，是指为了配合现实生活中的商务行为而建立的网站，它具有建立知名度、理解产品、有效提醒、提供线索、证明有效、服务客户等功能；纯粹的商务网站的特点是企业的运行主要依托Internet而存在，只有Internet才能实现其经营宗旨，网站要为其商务应用提供技术支持和服务。

纯粹的商务网站涉及的行业主要有金融证券行业、技术和服务行业、网上企业等。金融证券行业的商务网站主要是指网上银行和证券业务，提供金融领域的信息服务、查询和交易等功能；技术和服务行业的商务网站为电子商务应用提供了物质、技术以及服务上的支持；网上企业类型的商务网站主要依靠Internet来完成网上行为的各个环节，而且它们的业务范围决定了其必须依靠Internet来作为商务行为的平台。电子商务网站的商业平台有B2B、B2C、C2C等模式，其中的B是Business，指商家，C是Custom，指客户。国内比较著名的商务网站有卓越网

（joyo，B2C模式）、易趣网（eachnet，C2C模式）等。

新闻和在线数据库服务是所有商业网站中最多提供的服务，也是商业站点最具吸引力的地方。总体而言，商业站点的制作水平和技术含量较高，更新速度较快，是互联网上最优秀的和最具有活力的站点。

4. 个人站点

个人网站通常是指少数几个人或者一个人建立的网站。互联网是一个开放的系统，个人也可以像政府、公司和组织机构一样建立网站，只要肯花时间和精力，完全可以把自己的网站建得像专业网站一样，吸引很多网民光顾。互联网刚刚兴起的时候，个人网站还没有受到很多人的关注，后来一个叫德拉吉的个人网站最先披露美国总统克林顿的绯闻，激起美国政坛的轩然大波，个人网站才引起社会广泛的关注。个人网站的好坏很大程度上是凭借自己兴趣和时间上的投入，像华军软件园是网友公认的比较好的提供软件下载的个人网站，据说华军本人每天至少要花两个小时的时间来维护自己的网站。但是并不是每个人都能像华军软件园的站长一样拿出那么多时间和精力，互联网上的那些空站点、死站点通常就是个人站点。

此外教育科研机构站点是深受网民欢迎的站点，但它主要服务于教学和科研的需要，这里不加详细介绍。

如图1-6所示是DCCI互联网数据中心对2008年上半年的热点领域月均受众到达率的统计，社区类网站的访问量远远超过了商务网站。

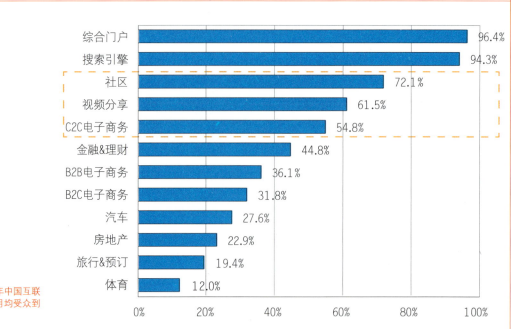

图1-6　2008年上半年中国互联网热点领域月均受众到达率

1.2.5 网站接入

网站接入需要解决两个问题，第一是网站服务器通过什么方式接入互联网，并通过互联网提供给用户的计算机访问；第二是用户的计算机如何接入互联网并通过互联网访问网站上的资源。网站的接入就是解决网站服务器和用户计算机之间信息的流入和流出的问题。下面分别介绍网站服务器和用户计算机如何接入互联网。

1. 服务器接入互联网的方式

服务器如何接入互联网是我们建立网站首先要考虑的问题，目前服务器接入互联网主要有3种方式：DDN专线、主机托管和虚拟主机。下面分别介绍每种接入方式的特点。

(1) DDN专线

DDN数字数据网（Digital Data Network）是利用光纤、微波、卫星等数字传输通道和数字交叉复用节点组成的数据传输网，具有传输质量好、传输速率高、网络时延小等特点，能满足计算机主机之间、局域网之间、计算机主机与远程终端之间的大容量、多媒体、中高速通信的需要，是我国中高速信息通信的国道。组成DDN的基本单位是节点，节点间通过光纤连接，构成网状的拓扑结构，用户的终端设备通过数据终端单元（DT1）与就近的节点相连。

DDN接入具有如下优势：采用数字电路，传输质量高，时延小，通信速率可根据需要在2.4KBps到2048KBps之间选择；电路采用全透明传输，并可自动迂回，可靠性高；一线可以多用，可开展传真、接入互联网、电视会议等多种多媒体业务；可方便地组建虚拟专用网（VPN），建立自己的网管中心，自己管理自己的网络。正因为上述特点，DDN专线接入成为许多企业机构局域网和服务器接入互联网的主要形式。

如果使用DDN方式将网站服务器接入互联网，则需要在硬件和软件两方面做一些准备。硬件方面需要DDN专线（速率可根据具体情况选择），一个基带Modem以及一个路由器，剩下的就是自己内部的局域网和计算机了，服务器通过局域网接入到这些设备上就可以完成网络设备的物理连通。物理连通之后还需要安装相应的TCP/IP协议及各种相关通信软件，以及各种Internet上的应用软件，这是DDN专线接入必要的软件部分。此外，还要为内部所有要接入Internet的主机申请相当数量的IP地址，根据需要确定路由器上所使用的路由协议，配置路由器信息，并完成网站服务器的域名解析。完成上述工作，用户在互联网上就可以访问您的网站了。

目前使用DDN专线接入的网站还不是很多，最大的问题就是使用DDN专线上网需要租用一条专用通信线路，租用费用太高，绝非一般网站所能承受。按照目前的DDN外网的市场价格，一年的网络流量费将是一笔不菲的费用，是否选择这种DDN接入方式，在经费方面一定要慎重考虑。

(2) 主机托管

主机托管（Server Co-Location）也叫服务器托管，是指客户自己拥有一台服务器，并把它放置在Internet数据中心的机房，由客户自己维护或者是由其他签约人进行远程维护。如果想拥有自己独立的Web服务器，同时又不想花费更多的资金进行通信线路、网络环境、机房环境的投资，更不想投入人力进行24小时的网络维护，可以尝试主机托管服务。主机托管的特点是投资有限，周期短，无线路拥塞之忧。

主机托管业务有两种形式，一种是共享带宽，另一种是独享带宽。共享带宽一般是由几十台服务器共同占用一定的网络带宽作为网络出口，独享带宽是网络带宽为一台主机单独占有。主机托管业务主要针对ICP和企业用户，他们有能力管理自己的服务器，提供诸如Web、E-mail、数据库等服务，但是他们需要借助IDC（Internet Data Center，即数据中心）提升网络性能，而不必自己建设与高速骨干网的联结。

主机托管的费用要比DDN专线低，按照目前的市场价格，4U 100M独享每年的费用大约为人民币60 000元，10M独享的费用为每年3 000~5 000元，比起DDN已经便宜很多了。

(3) 虚拟主机

虚拟主机（Virtual Host Virtual Server）是使用特殊的软硬件技术，把一台运行在互联网上的服务器主机分成一台台虚拟的主机，每一台虚拟主机都拥有自己的域名和IP地址，拥有完整的Internet服务器（WWW、FTP、E-mail等）功能。虚拟主机之间完全独立，并可由用户自行管理，在外界看来，每一台虚拟主机和一台独立的主机完全一样。一台独立主机上能够支持多少个虚拟主机呢？这要由这台独立主机的CPU性能、内存容量、I/O通道速度、硬盘容量等来决定，一般的供应商提供的服务器都可以支持数百个虚拟主机。

虚拟主机与主机托管的区别如下：主机托管是用户独享一台服务器，而虚拟主机是多个用户共享一台服务器；主机托管用户可以自行选择操作系统，而虚拟主机用户只能选择指定范围内的操作系统；主机托管用户可以自己设置硬盘，创造10G以上的空间，而虚拟主机空间则相对较小；主机托管用户可以通过银行安全认证实现网上支付，而虚拟主机用户则不能。

尽管如此，虚拟主机仍是被广泛采用的网站接入形式，之所以选择这种形式大多是从节省费用和方便管理的角度考虑。使用虚拟主机方式接入，一个200M空间的虚拟主机服务一年的费用只需几百元人民币。在管理方面，供应商负责处理权限设置、安全管理、数据备份、系统维护等问题，用户只需要维护自己网页文件就可以了，技术水平要求相对较低。

方式	优点	缺点
虚拟主机	成本低 维护难度低	不支持数据库 速度慢 安全性差
主机托管	可以作比较复杂的应用系统 速度快	成本较高 数据安全性差 需要远程维护 系统可扩展性差
DDN专线	可以作比较复杂的应用系统 维护方便 系统可扩展性好 系统安全性好 速度较快	成本昂贵 维护技术要求较高

图1-7 服务器接入形式的优缺点比较

如图1-7所示是各种服务器接入形式的优缺点比较。在网站策划初期要根据网站的具体需求进行选择,这是网站策划过程中比较重要的步骤,它不仅会影响到网站功能的开发与实现,还会影响到网站经费的预算与支出。

2. 用户接入互联网的方式

用户接入是指网络用户把自己的计算机连到互联网上。目前可供我们接入互联网的方式主要有9种:PSTN、ISDN、DDN、LAN、ASDL、VDSL、Cable-Modem、PON和LMDS。

(1) PSTN

PSTN(Published Switched Telephone Network,公用电话交换网)即"拨号接入",就是指通过普通电话线上网。PSTN拨号上网的最高速率为56KBps,已经达到信道容量极限,虽然速率远远不能够满足宽带多媒体信息的传输需求,但最大的好处是方便、普及、便宜。有根电话线,再加个百十来块钱的"猫"(即Modem,调制解调器)就行了。拨号上网方式目前已经很少使用。

PSTN拨号上网的资费目前主要为预付费,如电信163、169、联通165、吉通167等。用户可以到这些公司所属的营业厅办理申请手续,申请通过后会获得一个专用账号和密码,利用这个账号上网。费用收取时按照"网费+通话费"收取,一般每小时收费3~5元,节假日及每天的优惠时段可打折。

如果不申请账号,也有许多直接拨号上网的账号,如263,它的用户名是"263",密码也是"263"。直接上网相对优惠较少,这种上网方式较为适合那些上网时间不长的用户,费用也按照"网费+通话费"收取。用户还可以通过购买上网卡上网,卡上设有账号和密码,像电信的200卡、联通的163卡等都属于这一类,上网费用一般为3元/小时。这种方式有利于控制上网费用,特别适合经常出差上网的用户。

(2) ISDN

ISDN（Integrated Service Digital Network）即综合业务数字网，就是俗称的"一线通"，它的主要特点就是用户在上网的同时可以任意接打电话，而且它的速度更快，普通Modem需要拨号等待1～5分钟后才能接入，实际速率为20～50KBps，ISDN则只需等待1～3秒钟就可以实现接入，实际速率可以达到100～128KBps。测试数据表明，双线上网速度并不能翻番，窄带ISDN也不能满足高质量的VOD等宽带应用。

用户使用ISDN需要专用的终端设备，主要由网络终端和ISDN适配器组成。ISDN适配器和Modem一样又分为内置和外置两类，内置的一般称为ISDN内置卡或ISDN适配卡，外置的ISDN适配器则称为TA。ISDN内置卡价格为300～400元，而TA的价格则在1000元左右，另外它的月租费为普通电话月租费的1.5倍，费用按照"网费+通话费"的方式收取，一小时上网费用高时可为普通拨号上网费用的两倍。

(3) ADSL

ADSL（Asymmetrical Digital Subscriber Line）即非对称数字用户环路，是一种能够通过普通电话线提供宽带数据业务的技术。ADSL支持上行速率640KBps～1MBps，下行速率1～8MBps，其有效的传输距离为3～5km。在ADSL接入方案中，每个用户都有单独的一条线路与ADSL相连，数据传输带宽是由每个用户独享的。与前两种上网接入方式相比，ADSL无需拨号，始终在线，速度快了许多。

ADSL的前期投入费用较高，需要一张网卡，需要初装费，但上网费用较少，现在一般采用限时包月，根据限时长短从10～300元不等。用户可以到各营业厅开户，专业技术人员会上门安装调试。

(4) DDN

关于DDN（Digital Data Network）服务器接入部分前面已经介绍过了。DDN的通信速率可根据用户需要在N×64KBps（N=1～32）之间选择，当然速度越快租用费用就越高。用户租用DDN业务需要申请开户。DDN的收费一般可以采用包月制和计流量制，这与一般用户拨号上网的按时计费方式不同。DDN的租用费较高，主要面向集团公司等需要综合使用的单位。DDN按照不同的速率和带宽收费也不同，目前月租费相对较高。

(5) VDSL

VDSL（Very High-bit-rate Digital Subscriber Line）即甚高速数字用户线，简单地说，VDSL就是ADSL的快速版本。使用VDSL，短距离的最大下载速率可达55Mbps，上传速率可达19.2Mbps甚至更高。VDSL是利用中国电信深入千家万户的电话网络，先天形成星型结构的网络拓扑构造，骨干网络采用中国电信遍布全国的光纤传输，独享10M/s带宽，信息传递快速、可靠安全。

VDSL数据信号和电话音频信号以频分复用原理调制于各自频段，互不干扰。上网的同时可以拨打或接听电话，避免了拨号上网时不能使用电话的烦恼。在现有电话线上安装VDSL，只需在用户处安装一台VDSL Modem。最重要的是，无须为宽带上网而重新布设或变动线路。

(6) Cable-Modem

Cable-Modem（线缆调制解调器）是近两年开始使用的一种超高速Modem，它利用现成的有线电视CATV网进行数据传输，已是比较成熟的一种技术。随着有线电视网的发展壮大和人们生活质量的不断提高，通过Cable-Modem利用有线电视网访问Internet已成为受业界关注的一种高速接入方式。

Cable-Modem连接方式可分为两种：对称速率型和非对称速率型。前者数据上传速率和数据下载速率相同，都为500KBps~2MBps；后者的数据上传速率为500KBps~10MBps，数据下载速率为2~40MBps。

由于采用共享结构，随着用户的增多，个人的接入速率会有所下降，安全性和保密性也欠佳，此种技术的最大问题是广电系统没有自己的互联网出口，而且各地的有线网自成一体，没有联网形成整体，都租用各地的电信、网通、联通的互联网出口。

(7) PON

PON（Passive Optical Network，无源光网络）技术是一点对多点的光纤传输和接入技术，下行采用广播方式，上行采用时分多址方式。PON包括ATM-PON（APON，即基于ATM的无源光网络）和Ethernet-PON（EPON，即基于以太网的无源光网络）两种。PON上的每个用户使用的带宽可以在64KBps到155MBps之间灵活划分，一个OLT（Optical LineTerminal，光线路终端）上所接的用户共享155MBps带宽。

(8) LMDS

LMDS（Local Multipoint Distribute Service，区域多点传输服务）是目前可用于社区宽带接入的一种无线接入技术，每个终端用户的带宽可达到25MBps，但是它的带宽总容量为600MBps，每基站下的用户共享带宽。因此一个基站如果负载用户较多，那么每个用户所分到的带宽就很小了。

中国网通正在试运行的"Mobile Office"就是无线宽带接入方式，满足了移动办公的需要，但和移动电话一样，需要在用户上网设备周边一定距离内有基站接收设备，大规模铺设基站显然是不现实的，中国网通也仅在酒店、机场等公众聚集场所做了尝试。

(9) LAN

LAN（Local Area Network，局域网）方式接入是利用以太网技术，采用"光缆+双绞线"的方式对社区进行综合布线，光纤到楼，网线入户。之所以叫小区宽带，是因为目前在各接入宽带的小区中，此种方式使用最多。用户家里的电脑通过五类跳线接入墙上的五类模块就可以实现上网。

　　LAN可提供10MBps以上的共享带宽，并可根据用户的需求升级到100MBps以上。目前市场上从事这种方式的运营商主要有长城宽带、蓝波万维、中国电信和各地广电。此种技术的缺点是专线速率往往很低，制约了LAN方式的发展，而用户在同一交换机内的安全问题也值得考虑。

　　网站设计必须考虑到网站用户的上网方式和服务器的带宽，在上述上网方式中，只有拨号上网（PSTN）和一线通（ISDN）不是宽带上网，当然也是最经济、最方便的上网方式。网站用户如何上网，是网站策划阶段需要考虑的问题，因为上网方式决定了用户的网络带宽，也就决定了用户的上传下载的速率，用户用什么方式上网决定了网站开发什么功能和提供什么资源。如果用户主要采用PSTN和ISDN方式上网，那么网站提供带有视频的资源下载显然是不合适的。

参考资料

http://w3china.org/index.htm　中国万维网联盟(W3CHINA)
http://www.cnnic.net.cn　中国互联网络信息中心
http://www.w3.org　W3C组织

练习题

1．按照本章对网站的分类，上网分别寻找其中的一些网站。
2．考虑自己是否使用到了本章所提到的几种互联网功能？

第 2 章
网站策划基础

在第一章中我们充分了解了网站具有哪些功能，在此基础上才能更好地探讨关于网站策划的内容。我们的目标是在网站设计的过程中能更好地遵循前期的策划方案进行设计，让设计更有针对性。下面的内容能帮助我们更容易理解网站策划与网站设计两者之间的关系。

首先让我们了解一下作为网站建设者需要具备的相关知识。

（1）熟悉互联网经济

因为互联网经济的特殊性，任何一种新技术乃至新观念的推出，都可能引起火山爆发的效应。无论是企业网站还是专业的互联网企业，在一定程度上都需要对互联网经济有一定的把握。如果你所从事的是纯粹的互联网企业，比如Web2.0网站、网络媒体、无线增值等，那么一定需要深谙互联网经济的内涵。如果你对这些不了解，那么你策划的网站是只有形而无神，没有任何的挑战力和发展潜力。

（2）具备良好的分析能力和逻辑思维能力

策划中我们经常用5W模式来进行全面的思考。网站功能定位、赢利模式分析、网站目的定位，这些虽然是很主观的东西，但却是一切后续工作的重要参考依据。网站目的定位需要对同行业的市场经济进行分析，包括对整个行业的市场分析，对竞争对手的分析以及对企业自身的SWOT分析。要从宏观上把握企业的发展方向和整个网站的定位，网站功能和发展方向的分析需要在客观数据的基础上，融合对互联网经济的把握进行分析。

（3）良好的文案能力

文案写作能力是对一个策划师最基本的素质要求，所以一定要加强这方面的锻炼。想法再好，观点再新颖，如果无法用文字很好地表达出来，那么将是一件很可惜的事。

（4）具有一定的UI（User Interface）设计基础

网站的栏目及整体网站风格的把握，网站UI和界面风格的结合都需要网站策划者具有一定的用户界面设计基础，这样也便于和UI设计师进行沟通。

（5）具有一定的程序设计基础

不要求对网站程序设计的具体细节了解很多，但是基础性的东西必须了解，这样有利于和技术人员进行沟通。同时，对网站一些功能的要求也需要懂得一些程序设计的知识，比如基础的HTML语言、asp、W3C标准、XML、Ajax等，至少需要知道它们的工作原理和基础知识。

（6）具备网络营销的知识

网站的推广不是在制作好之后才需要的，网站的推广应该贯穿在网站发展的整个过程中，所以在策划阶段就需要把网站的推广考虑在内，比如网站的功能是否足够人性化。

本书的内容就网站策划与设计的核心环节进行探讨，以上列举的知识还需在实践过程中不断完善。

2.1 什么是网站策划

2.1.1 网站策划

网站策划直接决定网站能否成功。如果在网站建设之前没有经过整体策划，一般这样的网站很难达到预期的目标。网站策划要求与客户互动，大家一起为网站制定目标，并且有效地沟通，将这个目标贯穿于每个工作人员的思想，融入每个工作人员的劳动中。

网站策划是对网站的建设、运营的整体计划，是根据现实的各种情况与信息，判断市场变化的趋势，针对未来的网站建设做出决策；在网站建设中围绕网站的特定目标，全面构思、设计，选择合理可行的行动方式，预先决定做什么、何时做、如何做、谁来做。从信息处理角度来看，网站策划的内容包括定义网站目标、定义访问者、确定网站的内容及功能、确定网站的风格及导航系统、网站的可视性设计、网站的推广方案等。

从技术角度来看，网站策划包括服务器的选择、域名的选择、栏目分类结构、文件结构、链接结构、网站风格的确立、服务器系统平台及程序语言的选择。本章的主要内容将围绕着上述内容进行，使学生对网站策划有比较全面的了解。

2.1.2 网站策划要明确的原则

在着手进行一个网站的建设之前，首先要明确以下几项原则。

1. 熟悉当前的网络竞争环境

通过搜索引擎了解同类型网站的发展现状。首先看国内的，判断它们的发展方向、商业模式、专业应用，看一下http://www.alexa.com的排名和流量分析，如果能看出大概的倾向并充分判断其价值，那么你就迈出了成功的第一步，你心里就知道这个圈子大概是什么样子了。然后再看看国外的同类网站，注意，这里你要看的不是网站本身，而是不同于国内的应用方向，并评估与国内同类网站的差距，分析其原因。

如图2-1所示，Alexa（www.alexa.com）是一家专门发布网站世界排名的网站。以搜索引擎起家的Alexa创建于1996年4月（美国），目的是让互联网网友在分享虚拟世界资源的同时更多地参与互联网资源的组织。Alexa每天在网上搜集超过1000GB的信息，不仅给出多达几十亿的网址链接，而且还为其中的每一个网站进行了排名。可以说，Alexa是当前拥有URL数量最庞大、排名信息发布最详尽的网站。

2. 内容与形式相统一

内容是指你要通过网页向浏览者传达的有效信息及文字，形式指的是网页的排版布局、色彩、图形的运用等外在的视觉效果。无论采取何种表现形式都不能单纯追求网页美观而忽视内容的建设，如果网站没有充实的内容，即使设计再精美，也不会对用户有长久的吸引力。

3. 确定未来网站的核心价值链

网站服务谁？如何服务？服务的价值如何？优势在哪儿？如果这几个问题的答案具有不确定因素，最好先分析清楚了再干。通常当你希望用一个途径解决所有问题的时候，其实已经迈出了失败的第一步。

4. 主题鲜明

一个网站必须主题鲜明、重点突出，特别是个人网站，不可能像综合网站那样内容大而全，包罗万象，因此必须确定一个明确的主题，突出自己的个性和特色。

图2-1　Alexa（www.alexa.com）

一个主题鲜明、内容丰富且极具特色的网站往往比一个"大杂烩"式的网站更能吸引人。

5. 风格统一

整个网站的设计要采用统一的风格，这样使网站看起来更专业，不要一个页面采用一种风格，另外一个页面又换另一种风格，这样会给人一种很散乱的印象。风格要突出自己的个性，无论是文字和色彩的运用还是版式的设计都要给人一种鲜明的印象，使人看到这个页面就会想到这是你的网站。

6. 重视一级菜单

网站的属性确定后，一级菜单的设计规则大概如下：门户网站的一级菜单要强调平行性，重复、交叠的频道要毫不留情的删除；行业网站的一级菜单要分类精确合理，涵盖整个行业的关键环节，同时不允许出现无法归类或大而不当的归类；专业网站则要充分考虑按照该专业事务的标准流程设计一级菜单，不能出现逻辑问题或者次序问题而迷惑用户；交易平台更是要紧扣交易的核心环节，设计简洁明了的一级菜单。更多的时候设计者不能生搬硬套，要综合考虑上述多种因素，并明白重心所在。

7. 兼顾下载速度与美观

网络的状况在具体的环境中不尽相同，不能为了片面追求页面的美观而忽视页面的下载速度，这样会失去一大批浏览者，大家不会为了看一幅美丽的图片而等很长时间。网页中的图片应当是起到画龙点睛的作用，除非特殊需要，一般不要在网页中大量使用图片。在网页中的图片要经过适当的压缩处理，使它们在保证质量的前提下尽量减小体积。一些用Java程序设计的页面也非常美观，但下载速度慢，要慎重使用。

8. 导航清晰

网站要给浏览者提供一个清晰的导航系统，以便于浏览者能够清楚目前所处的位置，同时能够方便地转到其他页面。导航系统要出现在每一个页面上，标志要明显，便于用户使用，对于不同栏目结构可以设计不同的导航系统。

9. 良好的兼容性

对于网页来说，它不同于其他印刷品，制作完成后就一成不变了，它随着用户浏览器的不同而变化，因此设计者一定要考虑到网页的兼容性，使它适用于大多数主流的浏览器或目标用户所用的浏览器，不会因为浏览器不同而出现差别很大的浏览效果。

2.1.3 网站建设的目的

我们经常把策划挂在嘴边，但是忘记了策划就是为目的而存在的，目的正是项目运作的原动力。在建设网站前应明确建设网站的目的，确定网站的功能和网站规模及投入费用，并进行必要的市场分析等。只有经过详细的规划才能避免在网站建设中出现很多问题，使网站建设能顺利进行。根据网站建设的目的，通过对客户的需求分析来确定网站整体设计、功能设计、目标访客、信息结构设计、导航设计、栏目设置等内容。

还需要明确一些具有较强针对性的环节。例如，如果是一个对外贸易的网站，以热销产品为主，但产品比较低端，则要以建立企业形象来争取客户；又或者，如果是一个企业网站，尽管还没有领导市场的实力，但在规划上希望本公司发布的信息可以带领市场等，则应表现出此类的个性特征。

当我们从客户方拿到客户单时，只有少量的客户可以很明确地告诉你，他们需要怎样的网站，并对针对性很强的个性化部分也能拿捏得很准确。大多数客户并不清楚自己要建立怎样的网站，只能指出大的方向，面对设计出来的网站，凡能够看得顺眼的，大致都能接受，即使挑毛病，也是那些对突出信息或视觉审美毫无关系的环节。

实际上，即使同一个类型的网站，目的性和实行方针将会根据客户的不同情况而有所偏差，这些偏差正是从真正意义上反映出了网站的唯一性和特殊性。

2.2 网站策划的流程

2.2.1 流程简介

上一节谈到了网站策划中包含的很多方面的内容，用什么方法才能将这些内容有序地完成呢？这就需要了解网站策划流程。"流程"按照通俗的说法，就是做事的先后顺序。探讨网站策划的流程，我们就必须对网站所处行业及相关信息进行汇总和分析，得到的结论可以帮助我们对创作进行判断。

本部分侧重策划与设计结合比较紧密的环节，如与客户的沟通、行业分析、受众调查等，这些方面会对设计起到指导和决定的作用，即使没有书面文件或在不进行系统性策划的条件下，设计师也应根据自己的理解，针对具体问题做出合理的判断，在可达到的范围内做比较全面的策划统筹，从真正意义上满足客户的需求，完成设计。

如图2-2所示为网站策划流程，主要分为三个阶段，首先是调查阶段，对象包括网站的客户和目标用户，具体的工作是对竞争网站和其他相关网站的信息搜集；接着是分析阶段，包括归纳上一阶段的信息、策划小组头脑风暴、进行策略分析等，写出《网站功能描述书》（下一节有专门讲解）；第三阶段是制定策略阶段，

图2-2 网站策划流程

依据《网站功能描述书》,明确网站在功能方面的需求,制定具体的策略方案;最后的工作是整理出网站建设指导性文件——《网站策划书》,根据策划书就可以实施程序设计、网站页面设计等工作了。

关于策划分析有很多相关的理论,针对具体的行业会有不同的分析方法,本章是对网站策划在整体上进行阐述,所以不专门展开讲策划方法。

2.2.2 调查需求

众所周知,网站的新产品通常是由企业领导提出的,而领导一般只会给出目标和概念,无法提供细节描述。首先这不是他的职责,其次他没有时间,当然,最重要的是,他不是真正的用户。

作为产品经理、项目经理接到客户的业务咨询后,经过双方不断地接洽和了解,并通过基本的可行性讨论,初步达成制作协议,这时就需要将项目立项,还需要与最初的构思人、实际操作者、面向的用户群以及有类似产品经验的相关人员仔细沟通,这样才能了解到真实需求,设计出优秀的产品。

网站策划师的工作是了解客户需求,并为网站开发设计人员提供网站的建设方案,网站设计师的工作是向网站需求方提供网站的页面文件和程序脚本。网站设计是建立在网站策划的基础上的,而网站策划又是以用户需求为前提的,因而网站策划的第一步就是用户需求分析,弄清用户想要的是一个什么样的网站。

调查对象是谁呢?用户和市场。

用户调查部分:在需求分析的工程中,往往有很多不明确的用户需求,这个时候项目负责人需要调查用户的实际情况,明确用户需求。一个比较理想的用户调查活动需要用户的充分配合,而且还有可能需要对调查对象进行必要的培训。所以调查的计划安排,包括时间、地点、参加人员、调查内容,都需要项目负责人和用户的共同认可。调查的形式可以是发需求调查表、开需求调查座谈会或者现场调研。调查的内容主要有以下几个方面：

① 网站将出现的功能。

② 网站的性能要求和可靠性的要求。

③ 网站维护的要求。

④ 网站的实际运行环境。

⑤ 网站页面总体风格以及视觉效果（用户可以提供参考站点或者由公司向用户提供）。

⑥ 主页面和次级页面数量，是否需要多种语言版本等。

⑦ 内容管理及录入任务的分配。

⑧ 各种页面程序的应用与效果（Java, Flash等）。

⑨ 项目完成时间及进度。

⑩ 明确项目完成后的维护责任。

市场调研部分：在调研市场同类网站的时候，应尽可能调研到所有比较出名和优秀的同类网站，应该了解同类网站的使用环境与用户的异同点以及同类产品所定义的用户详细需求（需要与公司或者项目负责人有一定的联系）。市场调研的重点应该放在主要竞争对手的作品或类似网站作品的有关信息上，调研的目的是明确并且引导用户需求，主要包括以下几个方面：

① 市场中同类网站作品的确定。

② 调研作品的使用范围和访问人群。

③ 调研产品的功能设计（主要模块构成、特色功能、性能情况等）。

④ 简单评价所调研的网站情况。

⑤ 相关行业的市场如何，有什么样的特点，是否能够在互联网上开展相关业务。

⑥ 市场主要竞争者分析，了解竞争对手上网情况及其网站规划和功能。

⑦ 公司自身条件、公司概况、市场优势分析，分析可以利用网站提升哪些竞争力，建设网站的能力，如费用、技术、人力等。

各种文档最好有一定的规范和固定格式，以增加可阅读性，方便阅读者快速理解文档内容。

不同的用户对网站的理解不同，项目负责人对用户需求的了解，将在很大程度上决定网站建设的成败。因此如何更好地了解、分析、明确用户需求，并且能够准确、清晰地以文档的形式传达给参与项目开发的每个成员，保证开发过程按照满足用户需求为目的的正确项目开发方向进行，是每个网站开发项目管理者需要解决的问题。

2.2.3 分析信息

在拿到调研报告后，并不是直接开始制作，而是在《网站需求调研报告》的基础上进行总体分析，目的是写出一份网站建设方案给客户。分析信息是非常关键的一步，项目负责人应该对整个需求分析活动进行认真的总结，将分析前期不明确的需求逐一明确清晰化，据此做出网站功能规划，以此作为项目开发的依据。网站功能规划基本上是整个需求分析活动的结果性文档，也是开发过程中供项目成员参考的主要文档。

网站功能规划包含以下内容：

① 网站需要实现哪些功能。
② 网站开发使用什么软件，在什么样的硬件环境中进行开发。
③ 需要多少人和多少时间。
④ 需要遵循的规则和标准有哪些。
⑤ 网站的栏目和版块。
⑥ 网站的功能和相应的程序。
⑦ 网站的链接结构。
⑧ 如果有数据库，进行数据库的概念设计。
⑨ 网站用户界面的交互性和用户友好设计。

网站功能规划的主要作用是明确网站在功能方面的需求，是网站策划和设计的主要依据，也是《网站策划书》的重要组成部分。在整个需求分析的过程中，要按照一定规范编写需求分析等文档，这不但有利于明确分析结果，还可以为开发过程提供需求文档备份，这些文档还将为以后的网站开发项目提供帮助，积累网站开发的经验财富。

2.2.4 制定网站策划书

在网站建设前对市场进行分析，确定网站的目的和功能，并根据需要对网站建设中的技术、内容、费用、测试、维护等做出规划，把这些内容整理出来，就是网站策划书，网站策划书应该尽可能涵盖网站规划中的各个方面。

策划书的样式没有固定的范本，编写策划书时可以依据具体情况添加或删除某些项目，其中的基本项目包括以下几个方面。

1. 背景介绍

也就是通常所指的"前言"或"概述"。在策划书的开头，介绍互联网概况及公司背景等有关内容。如果是网站改版策划书的前言，一般写有关网站为什么改版和必须进行改版的原因。这部分属于比较"虚"的内容，但尽量不要过于空洞。

2. 市场分析

这部分要说明相关行业的市场情况，有什么样的特点，是否在互联网上开展电子商务，市场的主要竞争对手以及他们的网站情况和网站规划及功能等相关内容，另外还可以对公司自身条件进行分析，包括公司概况和市场优势等。这些内容就是前面所提到的《网站需求调研报告》。

有的策划书把这个部分放在后面，与建设目的结合起来分析。顺序不是关键，可以根据具体情况进行调整。

3. 建设目的及网站定位

这部分要说明为什么要建设网站以及根据网站的功能确定网站应达到的目的和完成的功能。网站的基本项目也可以在这部分介绍，如域名、网址、网站的标志、网站的口号等。目标用户的分析及总结既可以放到上一部分，也可以放在此部分。

4. 技术解决方案

根据网站功能来决定网站使用的技术方案。对于大型网站来说，技术方面是一个重要的问题，小型企业网站这个项目就可以省略了。

这部分要说明网站开发使用的软件环境和硬件环境；使用自建服务器，还是租用虚拟主机以及相关的管理分配和费用支出；相关程序开发选用ASP、USP、CGI、XML等哪种语言；网站的安全性措施，如防黑、防毒方案等。

5. 域名策略

域名是一个网站在网上的门牌号码，一个好的域名使得人们可以方便找到网站，提高网站的流量。好域名对网站十分重要，正如一个好的标题可以吸引读者看一篇文章一样，好的域名可以吸引网民到这个网站去。

6. 网站信息结构和内容规划

这部分介绍的是网站的栏目安排和结构。企业网站基本包括：公司简介、产品及服务的介绍信息、联系方式、网上订单等。电子商务可能会需要考虑更多内容，如会员注册、产品的详细介绍、服务条款、信息搜索和查询、金融系统、物流说明、相关帮助等。专题类网站主要考虑网站导航、内容分配、栏目负责人的制定等内容。

7. 页面设计

网页的美术设计，包括首页信息分布、页面格局规划、网站VIS系统、网站广告条规范等。设计师可以针对目标用户的特征选择色彩和版式，也可以制订出网页改版计划，如某一段时间替换某个栏目或首页设计，半年到一年进行一次改版等。

8. 流程及人员分配

网站开发时间进度表。

建设时间的计划，网站需要什么岗位的人以及每个岗位需要几个人都应写入策划书中，使阅读策划书的领导方便判断此项目的资金投入及可行性。

9. 网站维护

网站维护包括软件和硬件的维护以及网站内容的维护。在这里也要制定相关的网站维护规定，将网站维护制度化、规范化。

10. 发布与推广

网站宣传推广方案。网站发布后的公关、广告活动及费用都在这里写明。除了以上众多项目外，商业赢利模式的有关介绍也是非常重要的。至于版式，尽量整洁，条理分明，易于阅读即可。

2.2.5 网站策划书案例

更多案例请参看本书配套光盘中的内容。

在线购物网站策划书
目录
前言
一、项目简介
二、市场目标概述
三、项目优势及特点简介
四、项目运作的可行性
五、网站建设宗旨及商业模式
六、网站发展规划与建设进度
七、市场与销售
八、网站推广

前言

在当前的网络世界中，由于技术上的原因，网民在网络中的自由受到诸多的限制。我们不妨将当前的网络世界比做人类社会发展史上的原始社会，其中的网民犹如原始社会中的原始人，在他们力所能及的网络空间内进行一系列的采集——狩猎活动。面对这些原始人，我们只能以非常简单的思维模式去考虑他们在网络空间的行为。

如何吸引他们到我们的网站进行采集——狩猎活动？

人的需要是多元化的，按马斯洛对人类需要的分层，结合当前网络社会的特点分析上网的人，他们在现实世界已解决了最基本的生理需要，包括避免饥饿、逃避危险等，在网上虚拟的空间里他们所追求的将是较高层次的多元化需求。

如何才能满足网民高层次多元化的需求呢？

一方面是简单的思维与行为模式，一方面是高层次多元化需求的满足。如何把这两方面有效地结合起来将是我们网站成功的关键。

一、项目简介

"××在线购物网站"是一种新型的B2C电子商务形式。随着互联网宽带技术应用的成熟以及物流和支付系统的完善，可以预见，电子商务将成为互联网普及应用的主流，必将影响着千家万户的生活和经济行为，并日益成为社会商业活动的重要形式。

纵观国内互联网电子商务，淘宝网、当当网和三大门户网站的商城成为B2C电子商务的主要集散地，这些网站凭借着自身资源的优势，飞速发展，占据了网上零售业的大部分份额。此外，国内还有1000多家小型B2C电子商务网站，受规模和能力限制，发展缓慢，步履维艰，正在艰难地维持着现状，并残酷地争夺着剩下的为数不多的份额。"××在线购物网站"的出现给购物网站带来了新气象，凭借自身的优势，本网站为消费者提供品种繁多、物美价廉的产品。任何一个购物网站都是借助其他商家的力量作为自己网站经营的根本，但"××在线购物网站"有实实在在的产品经营场所，利用自身的平台优势，吸引商家入驻并进行网上销售（商家有无网站均可），从而丰富自身产品线，实现双赢，即所谓的商业街模式，为产品的多样化提供了坚实的物质基础。"××在线购物网站"能对网上经营的产品提供强有力的品质保障，由商品单一化销售扩展为多元化网上销售模式，通过多元化商品推介、连锁推广、商家加盟等多种形式，将有货源和销售网络优势的商家联合起来，扩大宣传推广规模，形成良好的品牌效应，增加商品销售信用度和成交率，形成自己的品牌和销售壁垒，保持现有优势，引导互联网消费理念，扩大特色商品销售和服务外延，确保业绩稳中有升。

二、市场目标概述

1.前期：处于B2C模式时

"××在线购物网站"有着良好的企业背景，深厚的会员基础，广泛的受众群体，从网站信誉度和产品品质的保证上都能够实实在在地给消费者保障，让消费者对所购产品买得放心，用得安心。同时由于××广场的品牌效应，××及周边地区的上网者都是我们的潜在用户。

2.后期：过渡到B2B模式后

这个时期的市场潜力更为巨大，帮助大多数企业实现向电子商务的转型是××在线网上商城的远期目标。尽管中国目前的电子商务市场还相对较小，但是市场需求和潜力非常巨大，预计在不久的将来会有突破性的进展。"××在线购物网站"必将在搭建电子商务平台和实现由传统经济向新型经济转化的过程中发挥应有的作用。

三、项目优势及特点简介

1.优势

利用自身的平台优势，为消费者提供品种繁多、物美价廉的产品，吸引商家入驻进行网上销售（商家有无网站均可），丰富自身产品线，实现双赢，即所谓的商业街模式。

2.特点

由商品单一化销售模式扩展为多元化网上销售模式。通过多元化的商品推介、连锁推广、商家加盟等多种形式，将有货源和销售网络优势的商家联合起来，扩大宣传推广规模，形成良好的品牌效应。

四、项目运作的可行性

1.竞争分析

纵观本土市场，真正的网上商城不多，大部分是以C2C的形式经营，或者都是单一类别的产品经营的网上商城，对消费者而言，网站的信誉度不高并且在选择上有很大的局限性。

2.自身优势

（1）广泛性

现在××广场的商家都可以成为"××在线购物网站"会员，享受免费宣传，这样也可以加快"××在线购物网站"人气的汇聚。

（2）互惠性

利用"××在线购物网站"的优势与××广场的招商工作产生互惠。

（3）多样性

××广场入驻商家可以获得多渠道的销售方式。

（4）地域性

打破地域观念，使自己的产品被全国各地的客户认识，足不出户就可以将自己的产品在全国推广，使自己的产品通过"××在线购物网站"可以被更多的客户选择，同时自身也可以选择更多的进货渠道。

（5）关联性

××广场商家通过"××在线购物网站"有了自己的网店，自身形象得到了进一步提高，势必在自己名片、优惠卡、宣传资料上印上自己的网址，加强和客户的沟通，同时也加强了"××在线购物网站"的宣传深度。

总结以上几点，××广场会吸引更多的商家入驻，带动××广场的招商工作。因为成为××广场的商户可以获得网上宣传的强大优势，网上购物打破了地域、时间的界限，可以使商户自身的资源利用最大化（人力、物力、财力）。反之，如果商户条件成熟，可以由传统的经营方式向现代的经营方式跳跃，实现网上贸易，这样就能节省更多的人力、物力、财力，足不出户即可进行全国贸易。老的商户变为网上贸易会员，这样××广场就会有新的商户入驻。长此以往，通过循环效应必将取得双赢的效果。

3.××广场现状

（1）经营场所的广阔性

消费者想要在××广场找到特定的商家非常困难。

（2）产品价格的区域性

产品价格调控的区域划分，使有些区域商家可以自控产品价格，有些区域商家必须明码标价，价格不允许有任何调控空间，这样可以使××广场面对不同的消费群体，通过在××广场购物，使不同的消费群体了解到"××在线购物网站"（参考:自身宣传优势第5点关联性）。

（3）产品价格约束性

约束商家日常产品的价格不能低于网上销售的价格，这样做对××广场的运营有着诸多好处，能够避免不良的竞争，保护商户的利益，避免因价格战导致的商户退出。

以上几点对于××在线购物网站的运行起着至关重要的作用。

由于××广场有着潜力巨大的现有资源，××广场的业主必将成为"××在线购物网站"启动的首选会员。

网上价格比实际的价格偏高，这是在消费者心中普遍存在的一种印象，网上购物的消费者肯定要与产品的市场价格相比较，怎样才能了解市场价格——到商家实地考察（本地区消费者）。如果找不到商家所在××广场位置，那样会出现怎样的结果——消费者会取消这次网上购物。

有些消费者可能到商场以网上价格和商场讨价还价，期望得到更实惠的价格（本地区消费者）。

消费者到商家可以看到实物，购买产品更加放心（本地区消费者）。

综合以上几点，可以一窥消费者心理，必须在导视、区域、价格方面规范化、统一化，让消费者明白在网上购物的确能买到更放心、更实惠的产品，而且货真价实。长此以往就会打消消费者的疑问，让消费者信任网上商城使消费者在网上商城购物时能够安全放心。

五、网站建设宗旨及商业模式

1.宗旨

成为行业领先的专业购物类网站。

2.商业模式

B2C的商业模式，网店和实体店相结合。

六、网站发展规划与建设进度

1. 发展规划

"××在线购物网站"的一期工程主要是建设一个网上多元化购物商城，为消费者提供一个新型的消费渠道以满足大家对日常用品不断增长的需求（即B2C、C2C），同时利用互联网这个媒体达到宣传整个企业和站点的目的，为以后扩大站点的规模和影响力打下良好的基础。

网站的受众设定：以本地为中心，向周边地区扩散。

"××在线购物网站"的二期工程，要在利用网上购物商城已有的影响力和知名度的基础上，建设真正的"××在线购物网站"——一个B2B、B2C的综合性商城站点。这是一种全新的电子商务模式，在投入初期迅速获得回报，真正通过经营电子商务获得利润，这就是经营B2C交易平台的电子商务服务商。到时候"××在线购物网站"并不直接经营B2C交易，而是通过出租"网上商铺（柜台）"，让客户实现B2B、B2C电子商务，从而迅速获得回报。

网站的受众设定：面向全国。

2. 建设进度

整个网站由概念设计到正式投入营运，大概要一年的时间，进度安排如下：

第一季度：成立公司，收集资料，委托设计人员设计网页。

第二季度：完善公司部门设置，联系网上征集业务，参与网页开发，开始策划营销计划。

第三季度：网站进入调试阶段，开始在媒体投放广告。

第四季度：网站正式投入使用。

七、市场与销售

1. 目标受众群体的定位

经过市场调研，发现××广场主要的消费群体趋于年轻化，加上目前互联网用户以年轻人为主体，故网站主要受众群体应以年轻人为主。

2. 产品策略

（1）产品定位

产品定位为多样化、时尚化、年轻化、多元化。因为××广场的产品受众群体主要是年轻人，所以这类受众群体追求的产品应该是具有活力的代表时尚潮流的产品，故网络推广应该结合这一实际特点作出相应的推广策略。

（2）品牌和商标

通过市场运作熟悉行业特点，创出自己的品牌。

（3）质量和服务

追求正常经营下客户无退货要求，把好质量关，质量不好的产品坚决不发货，加强售后服务的管理。

（4）产品策略的调整

根据市场需求作出适当的调整，以完善网站经营的缺口。

3.定价策略

（1）定价目标

统一调配产品价格，使××广场商铺的零售价不低于网上销售的价格。

（2）定价导向

根据客户反应作出适当调整，同时保证产品的正常利润。

（3）定价及价格调整

根据产品市场调控情况而定。

4.销售策略

（1）销售渠道

网络和网站联盟。

（2）销售步骤

①注册会员②在线下订单③邮件或电话确认信息④客户银行汇款⑤组织发货⑥电话或e-mail通知⑦客户收到产品（根据实际情况④、⑦步骤可以颠倒）。

5.商城工程的技术解决方案

在技术方面，网上商店不单要求满足最基本的网上浏览访问的快捷顺畅，更对安全性与稳定性有着近乎苛刻的要求，无论是客户在线下订单、在线支付、商家转账结账还是对数万种商品的管理以及对巨大数据量的处理，都不得有一丝一毫的偏差与停滞。一个站点能否经受得起这种考验就看网络服务提供商的技术水平以及硬件方面的配置了。

（1）网上商铺（柜台）出租功能模块

本模块帮助客户建立几千个网上商铺（柜台）。客户可以通过招商的形式，吸引中小型商家租用网上商铺（柜台），帮助他们从事B2C交易，收取月租费或通过交易提成获得回报。每个商铺（柜台）在形式上都是独立的，可以自己申请独立的域名。

（2）5分钟自助建店

系统提供强大的自动设置功能和多种模板，租用网上商铺（柜台）的商家只需通过简单设定，5分钟即可自助建立电子商务网站，无须任何培训和专业知识。商铺还拥有商品发布、购物车、订单处理和网上结算等电子商务配套的功能。

（3）商品自动陈列和分类功能

本模块采用数据库技术，帮助入驻商厦的商家将商品自动陈列在商家的商铺内，同时还提供按产品分类等检索方式以及提供商场内商品搜索的引擎。

（4）特惠商品推介模块

各入驻商家每天设定一种特惠产品，"网上商城"首页采用滚动方式为各商家免费宣传。

（5）独立的结算平台和多种结算方式

"网上商城"为各入驻商家提供独立结算平台，并提供包含网上结算（支付宝）和货到付款等多种结算方式。

（6）二级域名自动生成系统

系统自动为每一个开店的商家生成二级域名，即时实现，即时使用。

（7）多种建店模板选择

"网上商城"为开店的商家提供多种店面模板供选择，商家可以选择任何一种模板建立个性化的电子商铺。

（8）wap（手机网络）购物功能

各入驻商家拥有独立的wap购物功能模块，可实现顾客通过手机直接向商家下购物订单的功能。

（9）双页面

白天与晚上网页的页面是不同的(当然还可以设节假日页面)，但页面的整体结构不宜多变。

八、网站推广

1.网络方面

（1）流动主题网站的建设策略

我们所采用不是单一网站的概念，我们的视线亦不是局限于单一网站的建设，我们倡导网站群的概念，从整体上来规划一系列网站。

我们在这些单独网站之间的有机连接将形成一个以"××在线购物网站"为首的网站群。

在公司成立初期，流动网站的作用主要在于扩大"××在线购物网站"与外界的联系，丰富以"××在线购物网站"为主的网站群的内容，扩大我们网上广告的受众面。到了后期，建设流动主题网站的服务将是本公司在成熟期一个极具特色的业务。主要是考虑到公司在不断地发展过程中将积累大量的网站建设经验，而随着中国的网络社会会进一步成熟，人们对网站的定义将进一步拓展，除了需要固定的网站，人们还将需要一些生命周期比较短的网站，例如为某一电影作宣传的网站，电影上映后，网站就会消失，或者一些为了纪念某一重大事件的网站，这些网站的特点是贴近社会热点，在浏览量上有保证，我们就不停地建立，以进一步扩大我们的影响力，实现我们的价值。

（2）与视频语聊合作

可以在每天有选择地与各类聊天室进行合作，推出现场展示。

（3）互惠链接

在从属于自己行业的网站上和很多同类型非同产品的公司网站进行相互链接，这样可以增加彼此的点击率，是一个双赢的措施，无论是哪个网站都是乐意的，只要不是直接的竞争对手。

（4）新闻发布

找出具有新闻价值的事件，然后在网站上发布主题，引发讨论。

（5）创办电子杂志

电子杂志（周刊、月刊或季刊）可以帮助网站扩大影响，提高诚信度，以求更大发展。

（6）在邮件程序中安装"自动落款"功能

（7）举办网上竞赛

人们都比较喜欢免费的东西，如果在网站里举办一次竞赛，提供各种奖品，肯定会产生高于平常的访问量。

（8）在合适的网站里做付费标志广告

（9）发起联盟计划

（10）在论坛上推广

（11）注册搜索引擎

（12）把会员利益跟网站利益捆绑在一起

2.网下宣传活动

（1）与政府部门合作举行大型公益活动，提升网站知名度

（2）参加公益活动：

力所能及地支持国家希望工程，逐年增加资助名额，培养企业员工的社会责任感，树立企业良好的社会形象。

（3）建立会员俱乐部

举办一些线下的会员活动，如聚会、K歌、旅游等。可以采用AA制，条件允许的话可以给网站活跃会员免除费用。借此活动机会让会员评评网站，让他们说说网站有哪些不足的地方，如果确实有必要改则尽快实施，然后把改进的结果通知提建议的会员。

（4）在××广场入口处建立标志性建筑物

通过建筑物视觉传达效果，使更多的受众群体了解网站，提升企业形象。

（5）与网吧合作

（6）校园推广

3.传统媒体宣传

（1）报纸宣传

（2）外媒体宣传

4.网站自身宣传

（1）网站定期向会员发放网络优惠券

（2）购买产品可以获得一定比例的积分，通过网站系统可以用积分换取产品，或者可以用积分换取现金，直接购买需要的产品

5.cis手册的导入

cis手册的导入有以下两个方面的作用：

①对内能使企业员工达到统一的认识，产生归属感和自豪感，进而激发员工的潜能、提高企业的经营效益，加强企业自身的竞争意识和竞争能力。

②cis对外能有效地将企业的各种经营信息传达给社会公众，能令社会公众产生认同感，转而承认和支持企业的存在，改善企业生存的外部环境。

资料来源：网站运营http://www.j1f3.com/post/site_plan.html

参考资料

1.用户体验要素模型

如图2-3所示是Jesse James Garrett在《The Elements of User Experience》（《用

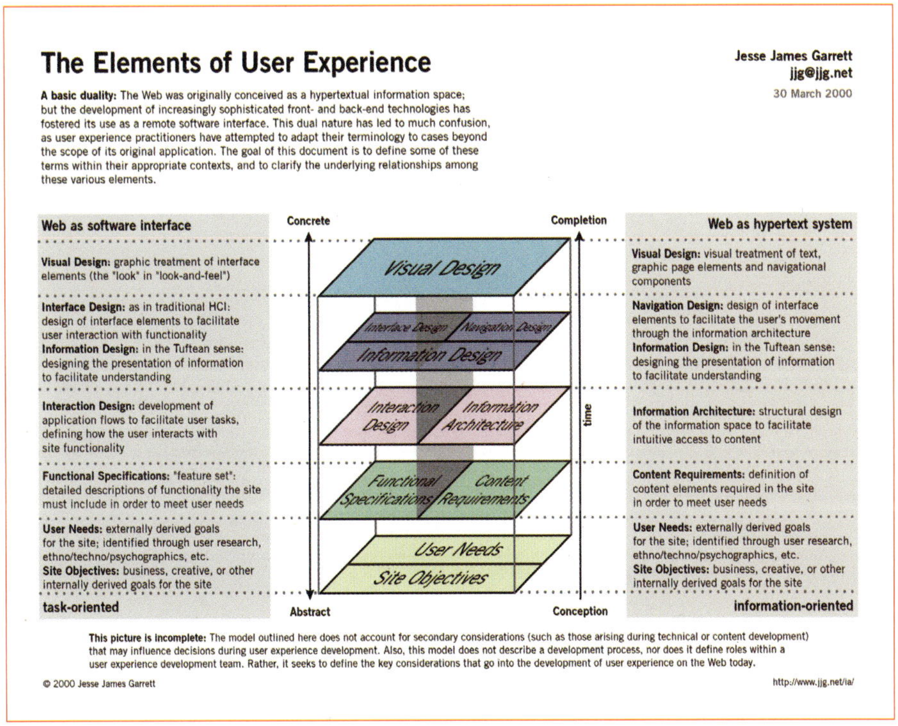

图2-3 《用户体验要素》中的分析图

户体验要素》)一书中的分析图,他是用户体验咨询公司Adaptive Path的创始人之一。从用户体验要素在2000年3月初次发布到网上以来,Jesse所绘制的这个模型已经被下载了2万多次。他在用户体验领域的贡献包括一个称为"视觉词典(the Visual Vocabulary)"的为规范信息架构文档而建立的开放符号系统,现在这个系统在全球各个企业中得到广泛的应用,他的个人网站www.jjg.net是提供信息架构资源的网站中最受欢迎的一个。

Jesse用简洁的语言系统化地诠释了如何认识这些要素,包括战略层、范围层、结构层、框架层、表现层以及要素的应用,分析了以用户为中心的设计方法(UCD)来进行网站设计的复杂内涵,他关注于思路而不是工具或技术,从而使网站具备高质量体验的流程。

2.SWOT

SWOT分析方法是一种企业内部分析方法,即根据企业自身的既定内在条件进行分析,找出企业的优势、劣势及核心竞争力之所在,S代表Strength(优势),W代表Weakness(弱势),O代表Opportunity(机会),T代表Threat(威胁),其中,S、W是内部因素,O、T是外部因素。SWOT方法自形成以来,广泛应用于企业战略研究与竞争分析,成为战略管理和竞争情报的重要分析工具。分析直观、使用简单是它的突出优点,即使没有精确的数据支持和专业化的分析工具也可以得出有说服力的结论。但是,正是由于这种直观和简单,使得SWOT不可避免地有精度不够的缺陷。例如SWOT分析采用定性方法,通过罗列S、W、O、T的各种表现,形成一种模糊的企业竞争地位描述,以此为依据作出的判断,不免有一定程度的主观臆断。所以,在使用SWOT方法时要注意方法的局限性,在罗列作为判断依据的事实时要尽量真实、客观、精确,并提供一定的定量数据弥补SWOT定性分析的不足,构造高层定性分析的基础。

2.3 域名策略

在上一节讲到的网站策划书中提到了关于域名的内容,下面我们来探讨一下策划书的重要组成部分——域名策略。

域名是企业、政府、非政府组织等机构或者个人在互联网上注册的名称,是互联网上企业或机构间相互联络的网络地址。由于国际域名在全世界是统一注册的,因此在全世界范围内,如果一个域名被注册,其他任何机构都无权再注册相同的域名。所以,虽然域名是网络中的概念,但它已经具有类似于产品商标和企业标识物的作用。

在技术上,域名只是IP地址的助记符号,对应着Web上的一台主机,与IP地址互为映照。为什么要创造域名呢?因为IP地址(由四组圆点隔开的数字组成)可记性非常差。以凤凰网为例，它的域名为www.ifeng.com，IP地址为121.9.221.56，两者的可记性孰优孰劣，一目了然。因此，管理Internet的工程师们便创建了DNS(域名服务器)，它用一组由字母数字组成的可记性好的域名来映照IP地址。

我国大量知名企业、驰名商标和其他特定称谓的国际互联网域名已被他人抢先注册，而目前仍有相当多的企业尚没有认识到自己企业域名的珍贵性，对本应属于自己的域名已被他人注册的事还全然不知。由于互联网络在我国的发展较为滞后，我国多数企业对互联网国际域名的重要性认识不足或根本还不知道这个概念，在网络上注册和保护自己商标和域名的企业还不多，我国很多企业面临着严重的无形和有形的损失。

2.3.1 域名的故事

大量的企业使用互联网络开展业务，由此开始了注册符合自己企业特征的网络域名的争夺战。由于Internet源于美国，目前多数美国及西方国家的公司和机构均在互联网上注册了与自己机构名称对应的网络域名，如：IBM公司的域名是ibm.com，SONY公司的域名是sony.com，可口可乐公司的域名是cocacola.com，迪斯尼的域名是disney.com。

1. 世界快餐业巨头——麦当劳mcdonalds.com

那金黄色的M会使人想到刚出炉的冒着热气的诱人的汉堡包。有的人可能还不知道，关于这家公司的网站（如图2-4所示），隐藏着一段耐人寻味的故事。1994年，当时只有为数不多的人听说过Internet，一个叫J.奎特纳的《纽约每日新闻》记者在一次上网时在浏览器地址栏中玩游戏似的输入www.mcdonalds.com时，浏览器一片空白，这多少出乎他的意料。紧接着，他又到国际互联网管理中心InterNIC的

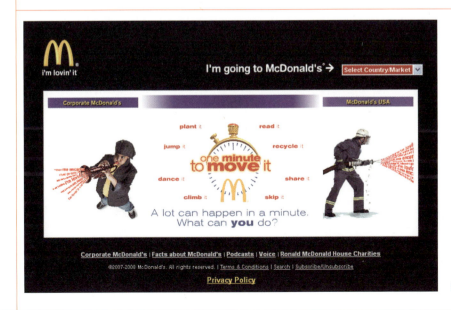

图2-4　麦当劳网站

网站上进行查检，明白了域名"mcdonalds.com"还没有被注册申请；随后没有多久，他又将自己的发现通知了麦当劳公司的公关部，但没有回音；于是，他开玩笑似的为自己注册了Mcdonalds.com，作为他的个人站点域名，他在站点上放置了一些他写的幽默文章以及从出版物剪贴过来的奇闻轶事。

后来，麦当劳公司准备开始自己的网站建设，当它着手申请域名时，却发现它的商标名称已经被申请注册。麦当劳用800万美元从J·奎特纳手中赎回mcdonalds.com的域名，折合人民币近7000万元。

2. Yahoo! www.Yahoo.com

《格列佛游记》中那群叫yahoo的人是没有受过教育没有文化的野人,而杨致远在美国斯坦福大学是研究自动控制软件的，这一研究方向已被几个大公司所垄断，没什么发展机会，所以他和伙伴费洛通宵达旦地在忙"杨和戴维的www网指南"，把学业扔到了一旁。在别人看来，他们是游手好闲的人，没什么水平，所以他们自嘲为yahoo，但总不能让每个上yahoo的人都有这种联想吧。于是他们在yahoo后面加上感叹号，成为"yahoo!"这是一种欢呼，"yahoo!——呀呼！"，意思是网民在雅虎上找到自己想要的东西而发出的欢呼声。

3. 网易 www.netease.com

网易是1997年建立的，网名是丁磊自己取的。顾名思义，网易就是说"网络是容易的"。网易建立时上网费用高，用网络的人太少，中文信息也太少，对一般人来说网络是可望不可及的，而网易要做的就是要改变这种情况，使网络变得容易起来。注册域名时，netease.com已经被别人捷足先登了，只好注册了nease.com和nease.net，但这样的域名始终让人觉得有点怪，发音不顺又难记。最后，丁磊花了5万美元从别人手中把netease.com买了回来，网易终于名符其实。网易是国内最早启用数字域名的网站，这与丁磊曾在电信局工作不无关系。chinanet的拨号号码为163，这是网民所熟悉的，人们要上网就会想到163，于是网易又有了163.com和163.net。后来，网易把免费邮件系统卖给了别人，163.net也送给了他们。

4. 新浪 www.sina.com

新浪是四通利方和华渊合并而成的。华渊本来的域名是sinonet，叫塞纳，王志东决定延用塞纳的名字，但始终总觉得这个名字怪怪的，于是便在某一天决定将名字改为sina，中文名叫新浪。sina在拉丁语中有中国的意思，新浪有创新和冲浪的意思，这下好了，网名不但点明了新浪是中国网站，而且又点明新浪不断创新，网民想要上网冲浪便要到新浪去。sina是一个造出来的词，是由china和sino两字合并而来（这也是为什么原来一直发"塞纳"之音的原因），目标是一个代表中国的商标名称。当然也有一些解释说在古印度语和古希腊语中，sina代表着东方的一个神圣国土——中国。另外，还有一种传说，在古希腊神话中"sina-island"是一个神仙居住的地方。不过这些说法都没有作严格考证，中文名称的来源主要是其近似的发音，而且我们一般讲网上冲浪，因此"浪"可以说是代表Internet。而新浪之"新"就代表着一种时代的、创造性的、勇于变革的理念。此外，"新浪"本身就包含着"长江后浪推前浪"之意，因为后来的浪总是新的，还有就是平静、死气沉沉的必无浪，因此新浪代表着一种动感，这正是新经济与新时代的精神！

2.3.2 域名商标与域名级别

一个站点的域名是链接公司和Internet的纽带，是企业在网络上存在的标志，它担负着标示站点和导向公司站点的双重作用。

域名还是站点身份的象征，取一个好域名能大大增加站点对用户的友好性。在主页下载之前，用户的第一印象就是域名。公司应该像对待自己的商标一样，大力加强对域名的宣传力度，一个不好的域名，很可能给冲浪者造成"公司不重视网络文化"的印象。

域名被誉为网络时代的"环球商标"。有一类从事域名经纪的企业家就非常理解域名的价值，他们认为在Internet上，一个企业有两项必不可少的资源：一项是他们的名称(域名)，第二项才是要出售的产品。无论公司或个人，域名都是非常有价值的资产，它造成的差别就是：很容易被发现或是完全被忽略。

域名分为不同级别，如图2-5所示，包括顶级域名、二级域名等。顶级域名又分为两类：一是国家顶级域名，目前200多个国家都按照ISO3166国家代码分配了顶级域名，例如中国是cn，美国是us，日本是jp等；二是国际顶级域名，例如表示工商企业的com，表示网络提供商的net，表示非赢利组织的org等。目前大多数域名争议都发生在com的顶级域名下，因为多数公司上网的目的都是为了赢利，为加强域名管理，解决域名资源的紧张，Internet协会、Internet分址机构及世界知识产权组织（WIPO）等国际组织经过广泛协商，在原来三个国际通用顶级域名（com、net和org）的基础上，新增加了7个国际通用顶级域名，firm（公司企业）、store（销售公司或企业）、web（突出WWW活动的单位）、arts（突出文化、娱乐活动的

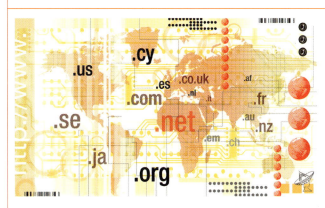

图2-5　国际通用域名

单位）、rec(突出消遣、娱乐活动的单位)、info(提供信息服务的单位)、nom(个人)，并在世界范围内选择新的注册机构来受理域名注册申请。

二级域名是指在顶级域名之下的域名，在国际顶级域名下，它是指域名注册人的网上名称，例如ibm、yahoo、microsoft等；在国家顶级域名下，它是表示注册企业类别的符号，例如com、edu、gov、net等。以清华大学的网址www.tsinghua.edu.cn为例，cn是国家顶级域名，而edu是二级域名。

我国在国际互联网络信息中心（InterNIC）正式注册并运行的顶级域名是cn，这也是我国的一级域名。在顶级域名之下，我国的二级域名又分为类别域名和行政区域名两类。类别域名共6个，包括用于科研机构的ac；用于工商金融企业的com；用于教育机构的edu；用于政府部门的gov；用于互联网络信息中心和运行中心的net；用于非营利组织的org。而行政区域名有34个，分别对应于我国各省、自治区和直辖市。三级域名用字母（A~Z，a~z，大小写等）、数字（0~9）和连接符（-）组成，各级域名之间用实点（.）连接，三级域名的长度不能超过20个字符。如无特殊原因，建议采用申请人的英文名（或者缩写）或者汉语拼音名（或者缩写）作为三级域名，以保持域名的清晰性和简洁性。

2.3.3 取名的方法

让用户从成千上万个域名中记住公司的域名是一件非常困难的事情，一个好的办法就是起一个既易记又爽口的域名。

域名有重要的价值，是有其内在原因的，是由其属性决定的。这是因为：

1. 域名是一种有限的资源

根据IP地址的编码规则，Internet最多可容纳超过42亿个的域名，这是一个非常大的数字；另外，根据域名命名规则，域名可以是一个由22个字符组成的字符串，里面可以采用26个字母、10个数字和连线符。从这两个方面来看，用户域名的选择应该没有多大问题的，但实际情况是，供用户可选择的有价值的域名却很少，这主要是有意义的域名有限，另外，域名的总长度不能超过256个字符。

目前，注册的顶级商业域名(com、net和org)已经超过1600万个，差不多有意义的域名已经被注册殆尽。

2. 域名具有专属性和唯一性

域名不同于名字和商标，不同的企业可以因为行业不同而具有相同的商标，域名则具有专属性和唯一性。也就是说，不可避免出现几家同名或同商标的企业争用同一个域名的情况。以商标"GreatWall"（长城）为例，据统计，我国有上千家企业的企业名或商标名叫长城。在这些企业中，仅知名度高的企业就有航天领域的长城工业公司，IT领域的长城计算机公司，有色金属业的长城铝业公司，食品行业的长城葡萄酒公司等。目前，域名"greatwall.com.cn"已被长城计算机公司申请注册，在这种情况下，其他同名的企业只能申请别的域名。再以商标"Apple"（苹果）为例，同样有几家知名的国际企业拥有这个商标，如果生产Macintosh电脑的Apple计算机公司申请注册了apple.com域名，生产Apple牌服饰的Apple公司，则只能注册其他域名。实际上，apple.com这个域名正是Apple计算机公司花高价从一个个人站点爱好者手中买回的。当然，你可能会讲，电子商务巨头Amazon申请了amazon.com作域名，而巴西亚马逊河流的管理机构也可以申请amazon.gov作为政府域名，这是另一回事了。绝大多数企业都申请.com域名，这已经成为惯例，如果一家企业准备申请其他组下的域名，那么很可能发生的情况是，这家企业的站点被多数用户忽略，因为用户很少考虑到其他组查找商业信息的。

选择域名时，应该遵循以下几个原则：

①域名应该短而顺口，应该便于输入，便于记忆性。

②域名应该有意义，最好能符合公司的营销目标。用有意义的词或词组作域名，不但可记忆性强，更重要的是有助于实现公司的营销目标。例如，公司的名称、产品名称等都是不错的选择，这样网络营销的目标和非网络营销的目标是一致的。

③用公司名、公司名的汉语拼音或公司名的简称。一般情况下，用这种方式给企业站点取名是比较理想的。实际上，一大批企业的域名就是这样，例如tcl.com(TCL)、changhong.com(长虹)、sony.com(索尼)、microsoft.com(Microsoft)、ibm.com(IBM国际商业机器公司)等。

④采用公司名的缩写。

⑤给公司名加与网络相关的前缀或后缀。

⑥选择与公司名不同但关联的词或词组。

⑦不提倡注册.net域名。

⑧不要注册其他公司独特的商标名和国际知名企业的商标名。

⑨应避免被CGI脚本程序或其他动态页面产生的长而不便的URL。

2.3.4 如何申请域名

CNNIC(中国互联网信息中心)负责中国域名的申请和管理，具体来说，它负责制定中国因特网域名的管理政策，负责认定、授权顶级域名，负责cn的运行管理及cn下域名的注册服务，负责监督各级域名的注册服务。CNNIC除将.edu.cn域名管理权授予CERNET(中国教育科研网络)外，负责其余域名的申请和管理工作。国内域名的注册和管理费大约为每年300元人民币。中国域名可以细分为6个类别域名和34个行政区域域名，如sina.com.cn(新浪网)是国家级类别域名，www.rd.gd.cn(广东人大)就属于广东行政区域域名。

整个域名申请过程大约可分为以下五个步骤。

(1) 决定申请何种级别的域名

一家公司决定申请域名时，申请国际域名还是国家域名，是首先应该决定的问题。一个有远见的企业应该同时在.com和.cn申请登记域名，很多国际跨国公司都是采用这种办法。

(2) 选择一家合适的网络服务商(ISP)

在具体申请时，企业可以直接向CNNIC申请，也可以委托网络服务商来进行。如果用户向CNNIC申请注册域名，整个申请过程大约需要几个月的时间；如果委托服务商的话，一天内即可完成注册。因此，推荐委托网络服务商来进行申请。

(3) 向网络服务商递交申请材料

申请国际域名手续很简单，但申请.cn的域名时，应当提供下列文件：域名注册申请表、本单位介绍信、承办人身份证复印件和与域名有关的证明，如单位营业执照和注册商标证书等相关文件。在递交材料之前，就公司打算申请的域名，最好先核实一下，包括CNNIC、网易等许多站点，都提供这项服务。当你向网络服务商提出申请后，网络服务商将向你提供主机服务器和静态IP地址，并和CNNIC进行协商。

(4) 选择建立站点的方式：自设服务器或虚拟主机

选择哪种方式，要取决于公司的规模、公司的需求等要素，一般对于中小企业，我们推荐采用虚拟主机方式，既能满足需求，又能大大降低费用支出，尤其是很多网络服务商提供打包服务，这是很诱惑人的。

(5) 由网络服务商进行IP和域名的解析，最终完成域名申请

2.3.5 ISP及相关站点

ISP(Internet Server Provider，Internet服务提供商)就是为用户提供Internet接入或Internet信息服务的公司和机构。提供Internet接入服务的公司和机构又称为IAP(Internet Access Provider,Internet接入提供商)，提供Internet信息服务的公司和机构又称为ICP(Internet Content Provider，Internet内容提供商)。互联网服务提供商所提供的服务范围很广泛，除了为一般企业及私人互联网浏览所提供的拨号连接、综合业务数字网（ISDN）、DSL、缆线调制解调器、专线（Leased Line）等上网服务外，还可以提供包括主机托管（Colocation）、域名注册（Domain）、电子邮件（E-Mail）、网页寄存（Web hosting）等服务。接入国际互联网需要租用国际信道，其成本是一般用户无法承担的，Internet接入提供商作为提供接入服务的中介，需投入大量资金建立中转站，租用国际信道和大量的当地电话线，购置一系列计算机设备，通过集中使用分散压力的方式，向本地用户提供接入服务。

以下是一些ISP的参考站点介绍：

◆国际互联网络信息中心(InterNIC)

http://www.internic.net

InterNIC是美国商务部成立注册的非营利服务机构，主要提供与域名注册相关的公共服务。ICANN受美国政府的委托，负责该站点的运营，该站点提供最权威的域名查询服务。

◆国际互联网络域名和IP地址分配管理中心(ICANN)

http://www.icann.org

ICANN的全称是Internet Corporation for Assigned Names and Numbers，是一家由美国政府在1998年成立的非营利性公司，主要协助政府制定包括IP地址分配、域名系统管理等互联网技术和管理方面的政策。

◆网络解析公司(NSI)

http://www.networksolutions.com

NSI的全称Network Solutions Inc，是国际域名注册和管理的掌门机构，是具体负责运行InterNIC站点的管理单位，负责注册以.com、.net、.org和.edu为结尾的国际域名。此外，NSI公司还在网络工程、网络安全和面向商业用户的网络解决方案等方面向企业提供咨询服务。

◆中国互联网信息中心(CNNIC)

http://www.cnnic.net

CNNIC成立于1997年，是一家非营营利的管理与服务性机构，负责中国互联网域名的注册和管理。目前，由中国科学院计算机网络信息中心承担CNNIC的日常运行和管理工作，为Internet用户提供域名注册、Internet地址分配以及Internet技术咨询等服务。

◆中国万网

http://www.net.cn

中国万网是1998年CNNIC五大优秀代理之一，是NSI在中国的首席合作伙伴，由北京万网志成科技有限公司经营。中国万网是ICANN授权的首批全球顶级域名注册机构，同时也是CNNIC首家授权的国家顶级域名注册商，目前，中国万网已经帮助客户注册并管理的中英文域名达300多万个，并最早在国内提供域名注册服务，开创"虚拟主机"技术，为全国数十万家企业提供了快速、稳定、安全的网站和邮箱托管服务。

◆时代互联

http://www.now.cn/

时代互联是ICANN大中华区最高认证的顶级域名注册商。

◆新一代数据中心

http://www.gzidc.com

新一代数据中心是同时拥有ISP、ICP、IDC三证的托管服务提供商。

◆网域科技

http://www.oray.net

◆新网互联

http://www.dns.com.cn

历经5年坚实发展，新网互联致力于为企业提供一流的综合性网络营销服务，不断推出基于互联网技术的创新应用产品，力求在为客户和合作伙伴创造价值的过程中实现自身价值。

◆世纪互联

http://www.21vianet.com

世纪互联是中国最早的ISP/IDC服务商之一，是目前中国规模最大的电信中立互联网基础设施服务提供商。世纪互联总部设在北京，上海、广州、成都、东京、美国硅谷等地设有分支机构。世纪互联的主营业务包括互联网数据中心服务（IDC），互联网内容分发/加速服务（CDN），以及全方位的增值服务和完整的行业解决方案。

参考资料

《网络分析的5W模式》

http://column.iresearch.cn/u/jason_bury/archives/2007/4973.shtml

The structure and function of communication in society

http://www.ilet.gazi.edu.tr/iletisim_dergi/24/12.pdf

域名注册查询

http://www.whois-search.com/

练习题

1.掌握网站策划流程。

2.结合你自己的兴趣爱好和特长，确定某一主题网站进行策划，并编制出详细的策划书。要求条理清晰、考虑问题全面深入。

3.以个人网站或某工作室为主题，通过whois查询，设计3个域名(一级域名为.com.cn.org)。

第3章
网站的信息结构

确定了网站策划书，接下来的工作包括内容的组织、信息结构设计、界面设计与程序设计等。由于本书的定位不是研究网站内容策划和介绍网站的软件技术，而是探讨网站策划与设计的方法和形式规律，因此后面几章的主要内容是探讨网站信息结构和界面设计。

对于大多数商业站点来说，都需要在站点上发布大量的信息以及向用户提供其他服务。对网站设计人员来说，最大的挑战是如何对它们进行分析组织，以便清晰地在网站上展示这些内容，便于用户有效地利用。

由于计算机屏幕的可视空间是有限的，如何有效地利用这块宝地不是件容易的事情；另一方面，待发布组织的信息量又是庞大的。据称，IBM的站点由200万个页面组成，这是一个相当庞大的数字。在这样一个两难的情况下，如何合理而有效地组织这样一个信息体系，对站点设计和站点维护人员将是一个极大的挑战。因此，信息组织应该是网站内容建设必不可少的一个组成部分，或者说它是网站内容建设很自然的延伸。无论希望通过互联网做什么，都必须用信息的形式来表达，而这些信息在互联网上最终的表现形式就是网站界面，也可称为网页。

3.1 网站信息结构

信息结构（Information Architecture）就是信息单元之间的相互组织关系，网站信息结构包括文件结构和链接结构。网站信息的组织没有一种稳定的合乎逻辑的组织核心，结构就像蜘蛛网，既要有主干，又要有分支，各个分支之间还要有机地链接在一起。网上信息组织的这种特点，决定了网站的内容即使策划得很准确，页面设计也很优美，如果组织不当，还是不能很好地发挥作用。

在上一章的参考知识中所提到的"用户体验要素模型图"中，Jesse将从战略层到表现层的完整过程标示出来。如图3-1所示是以用户为中心的网站信息结构，网站信息结构主要体现在文件结构和链接结构两方面，而结构要通过界面、导航、视觉等表现层的要素来实现，最终是为用户体验而设计。

图3-1　以用户为中心的网站信息结构

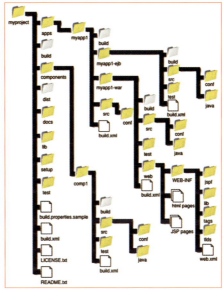
图3-2　文件结构

3.1.1 文件结构

网站的建设需要由多名设计人员协同工作，最后进行合成。如果毫无规范和约束，这些设计者大多是按照自己的个性进行设计，容易导致结构上的混乱，造成维护上的困难。在网站的整个设计过程中统一和规范开发人员的设计行为是很有必要的，其中对文件的组织和管理显得尤为重要。

文件结构是指网站组织和存放站内所有文件的目录设置情况。任何网站都有一定的目录结构，大型网站的目录数量多、层次深、关系复杂。网站的目录结构是一个容易被忽略的问题，许多网站设计者都未经周密规划，随意创建子目录，给日后的维护工作带来不便。文件结构不会在界面上显示出来，对浏览者来说并没有太大的感觉，但是对于站点本身的上传维护，内容的扩充和移植有着重要的影响。

图3-2所示为某项目的文件结构，按照文件属性的不同，放置在相应的存储位置，这样方便程序和数据库的调用。

要合理定义目录结构和组织好所有文件，需要注意以下问题：

（1）不要将所有文件都存放在根目录下

一些网站设计人员为了方便，将所有文件都放在根目录下，这样做造成的不利影响在于：

①文件管理混乱

项目开发到一定时期后，设计者常常搞不清哪些文件需要编辑和更新，哪些无用的文件可以删除，哪些是相关联的文件，影响工作效率。

②上传速度慢

服务器一般都会为根目录建立一个文件索引,如果将所有文件都放在根目录下,那么即使只更新一个文件,服务器也需要将所有文件再检索一遍,建立新的索引文件。很明显,文件量越大,等待的时间也将越长。所以,切实可行的做法是尽可能减少根目录的文件存放数。

(2)按栏目内容建立子目录

建立子目录的做法首先是按主菜单的栏目来建立。例如,网页教程类站点可以根据技术类别分别建立相应的目录,像Flash、DHTML、Javascript等;企业站点可以按公司简介、产品介绍、价格、在线定单、意见反馈等栏目建立相应的目录。

其他的次要栏目,如新闻、行业动态等内容较多,需要经常更新的可以建立独立的子目录;而一些相关性强,不需要经常更新的栏目,例如关于本站、关于站长、站点经历等则可以合并放在一个统一目录下。

所有的程序一般都存放在特定目录下,以便于维护和管理。例如:CGI程序放在cgi-bin目录下,ASP网页放在asp目录下。所有供客户下载的内容应该放在一个目录下,以方便系统设置文件目录的访问权限。

(3)在每个主目录下都建立独立的图片images目录

在默认的设置中,每个站点根目录下都有一个images目录,可以将所有图片都存放在这个目录里。但是,这样做也有不方便的时候,当需要将某个主栏目打包供用户下载,或者将某个栏目删除时,图片的管理相当麻烦。经过实践发现,为每个主栏目建立一个独立的images目录是最方便管理的,而根目录下的images目录只是用来放首页和一些次要栏目的图片。

(4)目录的层次不要太深

目录的层次建议不要超过3层,这样就方便维护和管理。

(5)目录的命名方法

不要使用中文目录和中文文件名。使用中文目录可能对网址的正确显示造成困难,某些Web Server不支持对中文名称的目录和文件的访问。不要使用过长的目录,尽管服务器支持长文件名,但是太长的目录名不便于记忆,也不便于管理。尽量使用意义明确的目录,在上面的例子中,可以用Flash、DHTML、Javascript作为名称来建立目录,以便于记忆和管理。

随着网页技术的不断发展,利用数据库或者其他后台程序自动生成网页的方法越来越普遍,网站的目录结构设计也必将上升到一个新的层次。

3.1.2 链接结构

网站的链接结构是指页面之间相互链接的拓扑结构,它建立在文件目录结构的

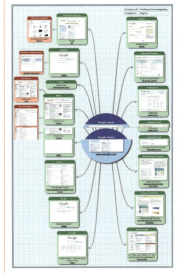

图3-3　Google的链接结构图

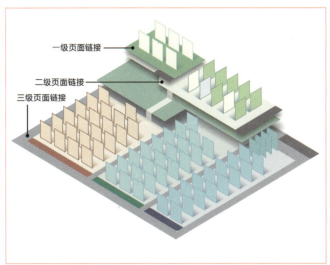

图3-4　层级链接

图3-5　腾讯网的页面

基础之上，但可以跨越目录。形象地说，每个页面都是一个固定点，链接则是在两个固定点之间的连线。一个点可以和一个点联结，也可以和多个点联结，更重要的是，这些点并不是分布在一个平面上，而是存在于一个立体的空间中。我们研究网站的链接结构的目的在于用最少的链接使浏览最有效率。一般来讲，比较好的网站链接结构有以下几种基本方式：

1．并列链接

并列模式是指网站的菜单链接相互之间是并列关系，信息内容的模式比较相似，页面设计的版式也比较接近。图3-3是Google的链接结构图，按照搜索的类别不同，分为Images、Video、News、Maps、Books等链接页面，Google首页超链接相互之间是并列关系。

2．层级链接

层级链接类似树枝的结构，树干下一级是主树枝，再下一级是更细的树枝，依此类推。如图3-4所示，首页链接指向一级页面，一级页面链接指向二级页面，层级关系结构条理清晰，访问者明确知道自己在什么位置，不会迷失航向。对几乎所有网站来说，信息内容之间都存在着树型关系。

通过怎样的形式来表达层次关系以及考虑信息是否需要通过导航标示出来等问题，这对创作很有帮助。如图3-5所示为腾讯网首页一级菜单的链接，有娱乐、财经、理财、科技、汽车、游戏、教育、读书、女性、儿童、星座、家居、音频等，这些链接都是一级页面。而娱乐又包含图片、明星、电影、电视、音乐、演出、视听、专题、博客等二级页面，这些二级页面又有更下一层次的页面。

如果站点的内容更庞大，分类更明细，那么需要在页面里显示导航条，以帮助浏览者明确自己所处的位置。在图3-5中，下面两张是一级页面的导航条，在显示二级页面链接的同时把其他一级页面的链接导航显示在最顶端，这样做的好处是用户不用回到首页就可以直接点击进入其他一级页面。

以上这两种基本结构都只是理想方式，在实际的网站设计中，总是将这两种结构结合起来使用。我们希望浏览者既可以方便快速地到达自己需要的页面，又可以清晰地知道自己的位置。在一些网站经常可以看到类似下面的提示信息"您的位置：首页 > 财经新闻 > 国内新闻 > 投资理财 > 股市信息"，这让用户很清楚自己在什么位置。

3. 信息聚合链接

这种链接结构主要用于社区网或者博客网。随着互联网技术的不断进步，用户的需求也在不断增多，各种网络应用层出不穷，博客、交友、搜索、游戏、资讯等得到用户推崇，AJAX、RSS、Widget等技术得到了广泛应用，信息聚合链接技术可以把用户喜欢的所有互联网应用聚合在一起。

AJAX全称为"Asynchronous JavaScript and XML"（异步JavaScript和XML），是指一种创建交互式网页应用的网页开发技术。虽然不是什么革新性创新，AJAX技术在近两年变得非常流行，许多Web站点（例如Google、Yahoo!、Amazon）都使用这一技术来改善它们的网站用户的访问体验。事实上，改进用户体验正是AJAX要做的。每个页面相互之间都建立有链接，其优点是浏览方便，随时可以到达自己喜欢的页面；缺点是链接太多，容易使浏览者迷路，搞不清自己在什么位置、看了多少内容。

如图3-6所示是Wiki信息聚合链接结构图，用户在点击一个链接的时候，下一个页面出现的信息不是固定存在的，信息会随着用户的偏好而聚合成新的页面。

如图3-7所示的是美国著名的网络社交网站facebook.com的页面，它采用"个人空间+社区平台"一体化的模式。每个用户在facebook上有自己的档案和个人页面，用户之间可以通过各种方式发生互动：留言、发站内信、评论日志。facebook还提供方便快捷的聚合功能，帮助用户找到和自己有共同点的人，同时还针对大学生提供其他特色栏目，这些都是信息聚合技术的典型应用。

如图3-8所示是Flickr的链接结构示意图。Flickr是一个以图片服务为主的社区网站，它提供图片存放、交友、组群、邮件等功能，其重要特点就是基于社会网络(Social Network)的人际关系的拓展与内容的组织。这个网站的功能之强大，已超出了一般的图片服务，很多功能笔者也还在进一步摸索之中。该网站第一核心元素是Photo，第二核心元素是flickr User，围绕这2个元素，用户进行社会化拓展与关联，于是产生了多种功能的项目，比如：Group、Feed、Tag、Subject。

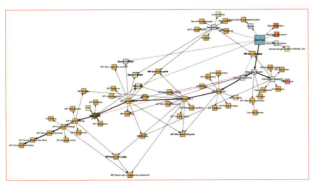

图3-6　Wiki链接结构图

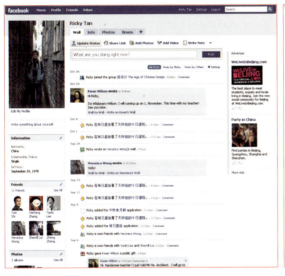

图3-7　facebook

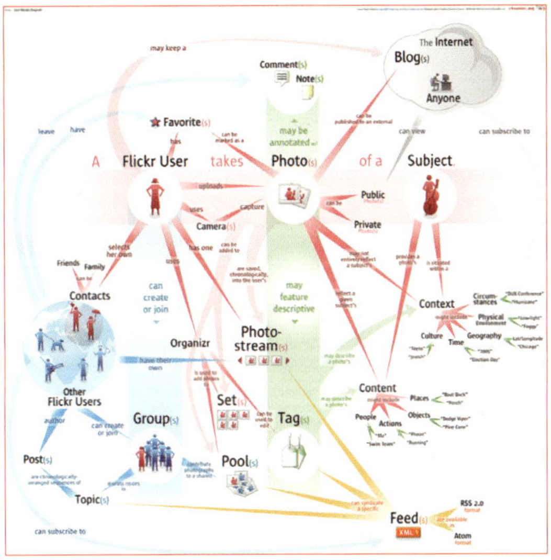

图3-8　Flickr的链接结构

　　Flickr是开放的网站，用户可以通过外部RSS集成订阅Feed，也可以把发布在Flickr上的图片显示在第三方提供的Blog平台上。Flickr功能强大，项目繁多，流程和脉络清晰，项目之间互相关联，又可进一步拓展，伸缩自如。目前流行的Web2.0概念的网络社区，其流程或功能也大体如此，或者说Web2.0的创新程度还不够，没有摆脱Flickr的影响。

　　随着Blog、Wiki等去中心化应用的普及，信息过载成为越来越严重的问题。RSS为信息的分散聚合提供了巨大的便利，但大量重复、低质量的信息从不同的地方被聚合到一起，时间和精力的付出，并不能带来有效的信息获取，问题的出现正是新技术产生的机会。

　　链接结构的设计是重要的一环，采用什么样的链接结构直接影响到版面的布局。例如主菜单放在什么位置，是否每页都需要放置，是否需要使用框架，是否需要加入返回首页的链接。在链接结构确定后再开始考虑链接的效果和形式，是采用下拉表单，还是用DHTML动态菜单等。

参考知识

(1) 网站与网页的关系

网站由多个网页组成，而网页只是单个。一个网站是由很多的网页组成的，上网时，浏览的每一个窗口都可以叫做网页，比如www.sohu.com是网站，而www.sohu.com/……htm,asp等就是它的网页了。

网页是构成网站的关键元素和最直观的元素，打开网站看到的都是网页，但是网站除了网页还包括域名、后台管理、数据库、服务器等。网页只是网站的组成部分，是将网站中很多的元素排版到页面上。静态网站中有网页、图像、FLASH等，动态交互网站中的网页实质上是程序，除了以上这些，还有数据库、配置文件等。

(2) 站点地图

所谓网站地图，是指明确了一个网站结构、栏目和内容说明等基本信息的网页，就像人们对一个陌生城市的了解需要借助于城市地图一样，对于一个网站信息的快速了解也可以借助于网站地图。同样，一个设计良好的网站地图应该可以发挥让用户快速了解网站的结构和内容的作用。这只是对网站地图的一种描述，并不是规范的定义，如果其他资料中有不同的表达方式也是完全正常的，如图3-9所示是腾讯网的站内地图。

(3) Web2.0

Web2.0是2003年之后互联网的热门概念之一，不过目前对什么是Web2.0并没有很严格的定义。一般来说Web2.0（也有人称之为互联网2.0）是相对Web1.0的新的一类互联网应用的统称。Web1.0的主要特点在于用户通过浏览器获取信息，Web2.0则更注重用户的交互作用，用户既是网站内容的消费者（浏览者），也是网站内容的制造者。

Blogger Don在他的《WEB2.0概念诠释》一文中提到："Web2.0是以Flickr、Craigslist、Linkedin、Tribes、Ryze、Friendster、Del.icio.us、43Things.com等网站为代表，以Blog、TAG、SNS、RSS、Wiki等社会软件的应用为核心，依据六度分隔、XML、AJAX等新理论和技术实现的互联网新一代模式。"所以，到目前为止，对于Web2.0概念的说明，通常采用Web2.0典型应用案例介绍，加上对部分Web2.0相关技术的解释，这些Web2.0技术主要包括：博客（Blog）、RSS、百科全书(Wiki)、网摘、社会网络（SNS）、P2P、即时信息（IM）等。由于这些技术有不同程度的网络营销价值，因此Web2.0在网络营销中的应用已经成为网络营销的崭新领域。网上营销新观察（www.marketingman.net）率先对博客营销、RSS营销等进行实践应用和系统研究，已经取得了阶段性成果，对于博客营销的定义等有关研究被广为引用。

国内典型的Web2.0网站主要包括一些以博客和社会网络应用为主的网站，尤

图3-9　腾讯网的站内地图

其以博客网站的发展最为迅速，影响力也更大，例如博客网（www.bokee.com）、DoNewsIT社区（www.donews.com）、百度贴吧（post.baidu.com）、新浪博客（blog.sina.com.cn）等。

按照上一节提到的"以用户为中心的网站信息结构"（图3—1），我们已经探讨了结构层的内容，下面进入表现层部分。网站信息结构要通过界面、导航、视觉等要素来实现，界面是表现层中的重要内容。

3.2 网站界面

3.2.1 关于界面

界面最早起源于物理化学的概念，指的是相与相之间的交界面，即两相间的接触表面，有固—固、液—液、固—气、固—液和液—气这几种类型。在两相间进行传质时，一般假定界面本身并不产生阻力，而且在界面上两相是达到相平衡的关系的。流体沿静止的固体壁流动并无传质作用时，流—固直接接触面也称界面。

从心理学意义来分，界面可分为感觉（视觉、触觉、听觉等）和情感两个层次，用户界面设计是屏幕产品的重要组成部分。界面设计是一个复杂的有不同学科参与的工程，认知心理学、设计学、语言学等在此都扮演着重要的角色。

在人和机器的互动过程（Human Machine Interaction）中，我们所说的界面（User Interface，简称UI）是用户接口或使用者接口，是系统和用户之间进行交互和信息交换的媒介，它实现信息的内部形式与人类可以接受的形式之间的转换。本书所探讨的网站用户界面（Website User Interface），是一种由色彩、文字、图像、符号等视觉元素以及多媒体元素为主构成的，传达特定信息的，以方便人机交流为目的的中间媒体。

如果经常上网的话，会看到很多网站设计很朴素，看起来给人一种很舒服的感觉；有的网站很有创意，能给人带来意外的惊喜和视觉的冲击；但相当多的网站页面上充斥着怪异的字体，花哨的色彩和图片，给人网页制作粗劣的感觉。网站界面的设计，既要从外观上进行创意以达到吸引眼球的目的，还要结合图形和版面设计的相关原理，从而使得网站设计变成了一门独特的艺术。

3.2.2 网站界面设计的可用性

可用性是评估用户界面使用难易程度的一种属性。可用性（Usability）是交互式信息产品或系统的重要质量指标，指的是产品对用户来说有效、易学、高效、好记、少错和令人满意的程度，即用户能否用产品完成他的任务，效率如何，主观感受怎样，实际上是从用户角度所看到的产品质量，是产品竞争力的核心。

1. 可用性由以下五个属性组成定义

①可学习性：初次接触这个设计时，用户完成基本任务的难易程度。

②效率：用户熟悉这个设计后，完成任务的速度。

③可记忆性：在一段时间没有使用之后再次使用该设计，用户重新熟练操作的难易程度。

④出错：用户出了多少错误，这些错误有多严重，从错误中恢复容易吗？

⑤满意度：使用这个设计的用户满意度。

还有很多其他重要的属性，其中一个重要的属性就是实用性，即设计的功能性所做的迎合是否符合用户需要。可用性和实用性是同样重要的。假设系统可以做到你想要的，但却因为用户界面难以使用导致你无法使用，那么则是糟糕的。你同样可以运用提高可用性的用户研究方法去研究实用性。

2. 为什么可用性这么重要？

在网络上，可用性是网站生存的必备条件。如果一个站点难以使用，人们会离开它；如果网站的主页不能清晰地说明这家公司可以提供什么和用户可以在这个网站上做什么，人们会离开它；如果用户在站点上迷失，用户会离开它。

如果一个站点的信息难以阅读或者没有回答用户的关键问题，他们会离开。用户不会主动去阅读网页，又或者是花费大量时间去弄懂一个界面，当用户遇到困难时，离开是第一选择。

互联网经济的法则是：如果用户不能找到商品，他们就不会购买它。在互联网上，可用性事关雇员生产力。你支付了雇员的工资，但他们没有把工作完成，那么你浪费的钱相当于用户在你网站上迷失和费力解读说明所浪费的时间。现在，实践证明最好在设计项目预算里花费10%的资金在可用性上。总体来说，这样的投入所获得的效果将是网页期望绩效的两倍以上，稍微少于互联网绩效。对于软件和物理产品来说，这样提高的效果比较小，但仍然有价值——当你强调在设计过程中融入可用性时。

对于内部设计项目，可以通过对培训预算减半和增加每小时交易雇员的数量来加大可用性的投入。而对于外部设计项目，则增加销量和增加注册用户或者顾客数量来加大可用性的投入。

如图3-10所示是人民网的首页，该页面的文字样式有十几种，让用户抓不住重点。如图3-11所示是网易的首页，该页面的文字样式就规划得很清晰，重点突出。对于用户而言，凭直觉就可以判断界面的可用性效果。

3. 怎样提高可用性

有很多研究可用性的方法，但是最基本和最有用的方法

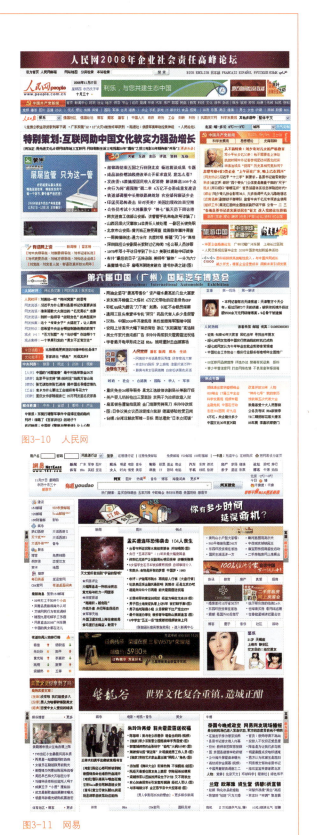

图3-10　人民网

图3-11　网易

是用户测试，用户测试的方法包括如下三个部分：

①选取一些有代表性的用户，例如电子商务站点的顾客或者互联网的雇员（在之后的流程里，他们不会在你的部门工作）；

②让用户在系统里完成一些有代表性的任务；

③观察用户做了些什么，他们在哪里操作成功了，在用户界面上哪里遇到困难。让用户说话但你应该保持沉默。

独立地测试用户和让他们自己去解决问题，这是很重要的。如果你帮助他们或者引导他们在屏幕上任何特殊部分上的注意力，那么你已经影响了测试结果。

要找出设计中最重要的可用性问题，测试五个用户就已经足够了。善用资源进行许多小的测试和在每个测试之后进行迭代设计，你可以根据发现的可用性问题来改善它。交互设计是提高用户体验的最好方法。用户测试版本和界面越多效果越好。

3.2.3 网站界面设计的原则

网站界面设计没有绝对统一的原则，只有常规的原则，以下是一些值得注意的方面。

1. 以用户为中心

设计网站首先要明确到底谁是使用者，要站在用户的观点和立场上来考虑如何设计网站。要做到这一点，必须和用户沟通，了解他们的需求、目标、期望和偏好。网页的设计者要清楚，用户之间的差别很大，他们的能力各有不同。比如有的用户可能会在视觉方面有欠缺（如色盲），对很多的颜色分辨不清；有的用户的听觉也会有障碍，对于网站的语音提示反应迟钝；而且相当一部分用户的计算机使用经验很初级，对于复杂一点的操作会感觉到很费力。另外，用户使用的计算机配置也是千差万别，包括显卡、声卡、内存、网速、操作系统以及浏览器等都不同。设计者如果忽视了这些差别，设计出的网页在不同的机器上显示就会造成混乱。

2. 简洁和易于操作

简洁和易于操作是网站设计最重要的原则。毕竟网站建设的目的是便于普通网民来查阅信息和使用网络服务，没有必要在网页上设置过多的操作。该原则一般要求，网页的下载不要超过10秒钟，尽量使用文本链接，减少大幅图片和动画的使用；操作设计尽量简单，并且有明确的操作提示；网站所有的内容和服务都应在显眼处向用户予以说明等。

3. 布局控制

关于网页排版布局方面，很多网页设计者不够重视，网页排版设计过于死板，甚至照抄他人。如果网页的布局凌乱，仅把大量的信息堆积在页面上，会干扰浏览者对信息的阅读。在网页设计时一般要遵循的原则如下：

①Miller公式。心理学家George A. Miller的研究表明，人一次接受的信息量在7个比特左右为宜。总结一个公式为：一个人一次所接受的信息量为7±2比特。这一原理被广泛应用于网站建设中，一般网页上的栏目数目选择最佳为5～9个，如果网站所提供给浏览者选择的内容链接数超过这个区间，人在心理上就会烦躁、压抑，会让人感觉到信息太密集，看不过来，很累。例如Aol.com的栏目设置为Main、MyAol、Mail、People、Search、Shop、Channels和Devices共八个分类，Msn.com的栏目设置为MSN Home、My MSN、Hotmail、Search、Shopping、Money和People&Chat共七项，然而很多国内的网站在栏目的设置远远超出这个区间。

②分组处理。上面提到对于信息的分类不能超过9个栏目，但如果你的内容实在过多，超出了9个，就需要进行分组处理。如果你的网页上提供几十篇文章的链接，则需要每隔7篇加一个空行或平行线来分组。如果你的网站内容栏目超出9个，如微软公司的网站，共有11个栏目，超过了9个，为了不破坏Miller公式，在设计时使用蓝黑两种颜色分开。

4. 视觉平衡

在网页中各种元素（如图形、文字、空白）都会有视觉作用。根据视觉原理，图形与文字相比较，图形的视觉作用要大一些。所以，为了达到视觉平衡，在设计网页时需要以更多的文字来平衡一幅图片。另外，按照中国人的阅读习惯是从左到右、从上到下，因而视觉平衡也要遵循这个道理。例如，你的很多文字是采用左对齐（Align=left），则需要在网页的右面加一些图片或一些较明亮、较醒目的颜色。一般情况下，每张网页都会设置一个页眉部分和一个页脚部分，页眉部分常放置一些Banner广告或导航条，而页脚部分通常放置联系方式和版权信息等，页眉和页脚在设计上也要注重视觉平衡。同时也不能低估空白的价值，如果你的网页上所显示的信息非常密集，这样不但不利于读者阅读，甚至会引起读者反感，破坏该网站的形象，在网页设计时适当增加一些空白会使页面变得简洁。

5. 色彩的搭配和文字的可阅读性

颜色是影响网页的重要因素，不同的颜色对人的感觉有不同的影响，例如：红色和橙色使人兴奋并使得心跳加速；黄色使人联想到阳光，是一种快活的颜色；黑色显得比较庄重。要考虑到希望对浏览者产生什么影响来确定网页设计选择合适的颜色（包括背景色、元素颜色、文字颜色、链接颜色等）。为方便阅读网站上的信息，可以参考报纸的编排方式将网页的内容分栏设计，即使只分两栏也要比一满页的视觉效果要好。另一种能够提高文字可读性的因素是所选择的字体，通用的字体（Arial、Courier New、Garamond、Times New Roman、中文宋体）最易阅读，特殊字体用于标题的效果较好，但是不适合正文。如果在整个页面使用一些特殊字体

（如Cloister、Gothic、Script、Westminster、华文彩云、华文行楷），则读者阅读起来感觉会糟糕。该类特殊字体如果在页面上大量使用，会使阅读颇为费力，浏览者的眼睛很快就会疲劳，不得不转移到其他页面。

6. 和谐与一致性

通过对网站的各种元素（颜色、字体、图形、空白等）使用一定的规格，使设计的网页看起来是和谐的，或者说，网站的众多单独网页应该看起来像一个整体。网站设计上要保持一致性，这也是很重要的一点。一致的结构设计可以让浏览者对网站的形象有深刻的记忆，一致的导航设计可以让浏览者迅速而又有效地进入到网站中自己所需要的部分，一致的操作设计可以让浏览者快速学会在整个网站的各种功能操作。破坏这一原则，会误导浏览者，并且使整个网站显得杂乱无章，给人留下不良的印象。当然，网站设计的一致性并不意味着刻板和一成不变，有的网站在不同栏目使用不同的风格，或者随着时间的推移不断地改变网站版式，会给浏览者带来新鲜的感觉。

7. 个性化

（1）符合网络文化的企业网站不同于传统的企业商务活动，要符合Internet网络文化的要求。首先，网络最早是非正式、非商业化的，只是科研人员用来交流信息的工具。其次，网络信息是只在计算机屏幕上显示而没有打印出来，网络上的交流具有隐蔽性，谁也不知道对方的真实身份。另外，许多人在上网的时候是在家中或网吧等一些比较休闲、随意的环境，此时网络用户的使用环境所蕴涵的思维模式与坐在办公室里西装革履的时候大相径庭。因此，整个互联网的文化是一种休闲的、非正式性的、轻松活泼的文化。在网站上使用幽默的网络语言，创造一种休闲、轻松愉快、非正式的氛围会使网站的访问量大增。

（2）在塑造网站个性之外，网站的整体风格和整体气氛表达要与企业形象相符并应该很好地体现企业CI。在世界品牌价值前100强的企业中，有很多这方面经典的例子，如：

http://www.icoke.cn

http://www.samsung.com

http://www.sony.com

3.2.4 网站界面的构成要素

网站界面的构成要素主要有文字、图形、多媒体等。作为传播信息的载体，大部分网站的信息是通过文字与图形来传达的。

处理信息形式之间的协调性和空间感，使它们呈现出一种可读性高、易被浏览者接受的状态是设计师最主要的工作。从设计的角度来看，它们既是信息内容也是

图3-12　http://www.wexa.ro

图3-13　http://www.wexa.ro

创作素材和创作依据，知晓它们的极限是设计师应该掌握的创作要领。

1. 文字

文字是网站界面的主体，是用以传递信息的主要元素。虽然利用网络多媒体的影音效果也可以达到同样的目的，但网页中文字的优势很难被取代。这首先是由于以文字传达信息符合人们的接受习惯，其次因为文字所占的存储空间极小（一个汉字只占用2个字节），利于浏览及下载，许多网页都提供纯文字的页面形式以节省浏览者的时间和费用。

网站导航、正文标题等重要元素主要是由文字组成的，这些环节十分吸引浏览者的注意力，以至于导航与标题的艺术设计将确立网站的整体风格定位。把文字设计与Flash动画结合起来，使文字作为视觉元素灵活运用在创意设计中，这可能远远超出了它原有的定位，很多精彩的网页就这样诞生了。

如图3-12和图3-13所示是罗马尼亚的个人工作室网站http://www.wexa.ro的页面，该网站的主要元素是以文字为主，通过文字的字体、大小、粗细、色彩等属性区分不同的功能。

文字作为网站界面元素之一，按照功能上的不同分为以下几种类型：

(1) 文字标题

一个网站的首页或一篇独立文章通常会有一个醒目的标题，用以告知浏览者该网站的名称或文章的题目。在首页之后的分页面中也常会出现标题，可以将其定义为表现主题的短文。标题不一定是一个完整的句子，事实上，用诸如"游戏天地"、"精品空间"等词组作为标题在网页中出现得更为频繁。文字标题要尽量简单明了、引人注目，这样才能得到浏览者的青睐。通常标题应安排在醒目的位置，使用较大的字体，在版面中作点或线的编排。为了保证标题的显示效果，大部分设计者都将其设置为图形格式。

(2)文字信息

文字信息是标题内容的展开，是传达信息的主体部分。文字信息的作用是动画、图形和影音等其他任何元素所不能取代的。文字信息是标题的发挥，浏览者在阅读标题之后，需要在文字信息中得到进一步的解答。在进行网站界面设计时，文字信息虽然简单，但内容一定要适合标题，同时对文字的字体、字形、大小、颜色和编排方式要进行精心的设置，以达到较好的浏览效果。

(3)文字链接

文字链接是网页中最常见的超链接，它能直观地呈现链接的相关信息，使浏览者对所包含的信息一目了然。文字链接可应用于网页中上部导航栏的链接、侧焦点链接栏的链接、中部分类信息主题链接等。文字链接可方便浏览者对信息的检索。在网站界面设计中，文字链接得到了广泛的应用。

2. 图形

以图像作为标题和链接可以使网页具有更好的视觉效果，配合文字更能增强生动性和形象性，需要特别注意的是背景和主图的作用。以图形为背景能衬托主题的表现，增加网页的层次感，使网页不再枯燥，融入设计者的风格。主图与背景的装饰性效果不同，背景是衬托主题，主图则是突出表现主题。主图是整个网页的视觉中心，它具有直观性强的特点，可以为单调的文字信息增强活力，不需要像文字那样逐句阅读，可以不受文化水平的限制，能给人强烈的视觉信息。

图形的出现打破了网页初期单纯的文字界面，也带来了新的直观表现形式。在很多网页中，图形占据了大部分页面，有的甚至是全部页面。图形往往能引起人们的注意，激发阅读兴趣，图形给人的视觉印象要优于文字，合理地运用图形可以生动直观、形象地表现设计主题。网页中常用的图形格式包括JPG和GIF，这两种格式压缩比高，得到了规范浏览器的支持，下载速度快，具有跨平台的特性，不需要浏览器安装插件即可直接查看。图形元素包括标题、背景、主图、链接图标四种。

为企业建设网站常常会遇到客户要求把产品照片摆放在十分显眼的地方，完全不考虑页面排版的问题。其中一些照片不具有任何美感，会对页面产生恶劣的影响，即使设计者擅自做了美化的处理，客户还会认为这样"不好看"，原因是这样做妨碍了信息的传达。对客户来说，与其做多么精美的视觉处理，还不如采用最高效的方式，直接把信息摆在页面上。

不少颇具规模的大企业也在树立企业文化方面比较薄弱，即使需要树立良好形象，也必须为产品让道。网站建设的现状告诉我们，设计网页时图形资料是必要的，但图形资料往往是不充足的，需要设计者自行寻找一些图形资源作为素材。因为各种实际情况的不同，很多设计者选择了只能体现出行业特点和栏目特征的图形，多数来自商业图库，有些还被反复使用。这些看似无害的图形信息在侵占页面空间的同时却无法为"目的"服务,它们对网站的发展起不到实际的作用。

3. 多媒体

网页构成中的多媒体元素主要包括音频、视频和动画,这些是界面构成中最吸引人的部分。但是笔者始终认为网页应该以"内容为主",任何技术的应用应该以信息的更好传达为中心,不能唯视觉化。网站界面中加入多媒体元素可以在很大程度上增强对用户的吸引力。从网站界面的发展来看,由纯文字界面到图文并重,再到引入新的多媒体元素是一个必然的过程。用户希望在网上看到更具创造性、更具吸引力和更具情趣的网页,多媒体元素正是实现这一目标的重要手段。

(1) 音频

音频在网页中出现的频率很高。在网上浏览时常可以发现一些网页设置了背景音乐,浏览者在网上冲浪成了更加惬意的休闲活动;除了背景音乐外,有些网页还设置了操作提示音,以不同的声响提示用户的操作;另外,某些以音乐为主要内容的网站还提供了大量的音频下载及在线欣赏等功能。随着音频技术及语音控制技术的进一步发展普及,以音频进行人机交流将逐步成为实现网站界面交互性的重要手段。

音乐的魅力在于铺开了想象的空间。抽象的画面,配上相应的背景音乐,可以帮助人们解读画面。例如画面是红色的,而音乐是阴森森的曲子,这一定会让你把红色画面与恐怖的事情联系起来;又如画面还是红色的,音乐换成了敲锣打鼓的欢快节奏,谁都会知道是喜庆的意思。音乐的暗示不只是为了帮助人们更好地解读画面,还能对网站(或企业)的形象产生引导、强化、扭曲等不同的作用。

在网页中使用的音频文件格式上主要有以下几种: midi、wav、aif、mp3、ra、ram、rpm。这些格式各具特点,使用时应注意区别对待。

(2) 视频

视频具有信息丰富、传达便捷的特点。以视频为传达媒介的信息易于理解,对用户文化水平要求不高,同时形象生动,具有较强的吸引力,在信息的层次深入方面也具有一定优势。网页中的视频多为某种特定信息的深入介绍。网上常见的视频文件格式主要有mpeg、avi、rm等。如图3-14所示是电影《集结号》的宣传网站http://assembly.sina.com.cn的页面,该网站提供了预告片欣赏,让用户可以通过视频了解电影的经典片段。

如图3-15所示是YouTube的首页(http://www.youtube.com)。YouTube是设立在美国的一个视频分享网站,它是一个可供网民下载观看及分享视频短片的网站,至今已成为同类型网站的翘楚,并造就多位网上名人和激发大量网上创作。截至2006年,它大概有4000万段视频。

(3) 动画

图3-14　集结号　　　　　　　　　　　　　　　图3-15　YouTube

　　　　动画具有很强的视觉冲击力，能引导视觉中心。在传达重要信息时动画是有效的手段，在静态页面中适当加入动画，可达到"动静相宜"的良好视觉效果。从那些有着成功动画设计的网站中可以发现，以动画为主的表现手法往往能提高人们观赏页面的兴致，增加浏览的乐趣，并引导人们的思想意识。在Flash技术流行的今天，动画日益成为网站界面中的热点，以动画为主的网站也成为最受浏览者青睐的作品。

　　　　Flash是建站方面应用最广泛的动画制作工具之一，越来越多的网站因其优秀的动画效果而驰名。Flash动画效果对娱乐网站和电影官方网站都很有帮助，而如今几乎所有的电影网站都会配有首页的Flash影片介绍，通过动画手段把电影本身的文化特点、故事情节、人物主线表达得淋漓尽致，这的确是一件有意义的事情。但如果一个页面内运动的物体过多，会使浏览者目不暇接，造成视觉疲劳。合理筹划页面上的动态信息对增加广告条的点击率大有帮助。如图3-16所示是电影《醉画仙》的宣传网站(www.chihwaseon.com)的页面，该网站运用Flash做了豪迈与挥洒的动画，并配以悠远古典的箫声，让人不知不觉进入了电影的意境。

　　　　韩国在电影网站上非常下功夫，有不少非常出色的作品，他们通常用Flash建构整个网站，不太考虑动画的大小。如图3-17和图3-18所示是电影网站www.sarangni.co.kr，由于是以情感为主题的影片，该网站采用柔美清新的色调和水墨效果结合，Flash让叶子产生飘动效果，画面充满浪漫的想象。

　　　　如图3-19、图3-20和图3-21所示是立陶宛的电影站www.noroutine.lt的页面，仅从静态画面看不出该网站很特别的地方，但如果登录该网址就会发现很多滑稽有趣的Flash效果。

图3-16　www.chihwaseon.com

图3-17　www.sarangni.co.kr　　　　　图3-18　www.sarangni.co.kr

图3-19　www.noroutine.lt　　图3-20　www.noroutine.lt　　图3-21　www.noroutine.lt

如果想寻找更多的电影官方网站，可以去大型娱乐网站查看电影专题介绍，每个电影介绍的正文都会附带官方网站的链接地址。

练习题

1. 结合第2章练习题2，绘制网站链接结构图。
2. 查找有关互联网发展的资料，了解界面发展的概况。
3. 下载三个不同类型的网页，分析其设计构成元素及主要设计特征。

第4章
界面设计与形式

从前面的内容中，我们了解到网站界面是网站信息结构的重要组成部分，而界面设计要通过导航、版式、色彩作为表现形式，最终实现用户体验。本章通过对导航、版式、色彩的探讨，了解与掌握网站的界面设计与形式。

4.1 网站导航设计

4.1.1 什么是导航

在网络中，用户面对着庞大的信息量，如果没有合理的导航系统会使人如同在茫茫大海上迷失方向。这就好像把网站比作一本书，看过了目录，大致会知道网站内容是否有阅读的价值，或者说哪个部分是我们想要阅读的。

导航系统作为网站信息储备的核心构架，展示了网站的规模、储备方式、查阅方式等"基础设施"。但导航又不如"书目"那般井井有条，叙述完整，因为导航只显示信息的类别，而不是列表。如果想要知道此信息是否真有阅读的必要，只能进入栏目中，查看列表。

如图4-1所示是腾讯新闻网的主页导航页面。"特别推荐"和"滚动图片新

图4-1　http://news.qq.com

闻"是从导航条中独立出来的，醒目的形式表示推荐。把当天或近期最重要和被关注的消息重点显示，方便经常来访的用户识别与点击。如果把这两个导航按钮混入主导航中，则会大大减弱对这两个栏目的主推力度，特色栏目很可能就此埋没了。

与客户探讨网站的建设时，通常也会把导航系统作为重点讨论的项目之一。如果客户对导航的设计方法毫无头绪或杂乱无章，即他们对网站建设没有概念，一旦确立了导航项目，一切都会迎刃而解。

尽管信息分类是决定导航项目的主要因素，但建设者的需求(目的)也会对规划导航系统产生重大的影响。把优势项目提到导航条的第一、二位，或利用有别于普通导航条的设计形式，可以在促进销售、树立形象等方面起到良好的推动作用。

一般情况下，导航是信息内容的核心项目。当需要把处于树型结构较低层级位置的信息提高级别时，要谨慎考虑如何处理低层级信息导航项与高层级信息导航项之间的关系，或许需要利用不同的设计形式进行区分。信息层级混乱将直接影响阅读网站的便捷度。

面对结构复杂的信息内容，有可能需要衍生成多类导航的形式。导航条之间或许存在上下级关系或是同级不同类的情况，设计师需要根据多导航间的关联性尽量使页面设计为合理地运用多个导航系统而服务。

4.1.2 导航的形式

1. 以文字为主的导航

在功能上，文字导航已经完成了任务，但从美化页面的角度来说，纯文字导航是远远满足不了人们的需求的，如图4-2所示是时代周刊的网站http://www.time.com的页面。

导航很重要，它的风格将对页面整体风格产生极大影响。如TIME网站所使用的纯文字导航，看起来仅仅是把文字摆放在页面上这么简单，却能使人感受到页面氛围的简洁与清爽。

图4-2　http://www.time.com

如图4-3所示是网站http://www.treehugger.com的页面，纯文字导航并不等于没有设计，即使"选择字体"这样的细小环节都会对网站风格及页面的其他设计环节产生影响。中文字体没有上千种也有几百种，而英文字体更加丰富，导航字体的选择也是视觉设计的一部分。

2. 文字和图形组合

比起纯文字式导航设计，文字+图形的导航设计更能体现出网络传播的灵活性与趣味性，它不仅可以通过装饰表现出各栏目的信息特征，还可以通过导航条的装饰效果、整个导航的占用面积大小等方面对页面风格及整体网站形式的设计做出强有力的补充。

图4-3　http://www.treehugger.com

图4-4　http://www.vooz.co.kr

如图4-4所示是VOOZ公司的"卯甲"系列网站http://www.vooz.co.kr的页面,它的网站在格局、导航、动态效果上都十分出众。进入首页,该公司旗下的几个动漫品牌被做成电脑键盘的形式,鼠标划过的时候相应的按键会显示被按下去,文字也会变色,按下鼠标之后主画面就会显示该系列的动漫形象内容,这种形式的导航让用户很有兴趣去点击其他的按钮,从而增加了网站信息的传播量。

Flash导航被广泛地应用在各类信息内容的网站里,这样做不仅可以增加页面设计的灵活性和信息处理的趣味性,更重要的是可以传达一定的信息特征。所谓信息特征,就是把栏目信息的特性通过插图或动画诠释出来,这样不仅有效地利用了导航动画的优势,而且起到了更好地传达信息的作用。

如图4-5所示是商业网站模板,该网站模板的导航由文字和装饰组成,鼠标悬停时,文字上的装饰图标会改变动画效果,这是以一个商务类的企业为参照而创作的,从它的页面版式和色彩分布可以看出设计师做了一番精心的安排,尝试在导航中表达栏目信息,对网站的文化传播很有帮助。

如图4-6所示是柠檬网http://www.lemoons.com的主页,主题是设计创意社区型网站。该网站的导航采用竖向排列,每个导航按钮代表一个设计门类,根据每个设计专业的特点在文字的左侧设计了独特的图标,页面显得与众不同。

图4-5　商业网站模板

图4-6　http://www.lemoons.com

如图4-7所示的某酒品牌网站页面共有七个导航按钮，当鼠标滑到某按钮时，该按钮变成与主题相关的图形，加强了网站的互动性与趣味性。

3. 隐藏文字信息的导航

尽管图形图像具有特殊的沟通魅力，却比不上文字表达更加直接，文字的作用绝对不是图形图像能够替代的。尤其是在导航易用性的环节中Flash技术的发展，使很多富有创意的设计者把导航设计成为隐藏的，有的需要通过鼠标触击到某个区域才会显示出来，而有的导航则是跟随鼠标移动的，只有在单击鼠标右键时才能显现。这些惊人的效果在最初出现时确实带给我们新鲜感和趣味性，但从信息传达的角度考虑，把导航项目隐藏起来的设计风格不适合的网站类型非常多，最典型的就是商业网站与门户网站。类似的导航风格只能出现在个人主页，或为表现创意和构思的设计服务类、游戏类网站以及特殊信息类型的网站等。

导航并非以新奇的设计效果取胜，而是要以易用性为主，其次是与网站风格相符合，最后才是创意的新颖性。

如图4-8所示是香港亚洲电影节网站的页面，该网站视觉效果与互动非常出色，页面包含了电影节很多的电影介绍信息，加上中英文对照方式，标题的文字很长，于是设计者采取了隐藏二级导航菜单的办法，例如把鼠标移到"亚洲国度Asian wide angle"就会在下面用醒目的橘黄色文字显示亚洲的十几部参赛作品，用户能够很清晰地了解整个网站的结构。

图4-7　酒品牌的网站

图4-8　香港亚洲电影节网站http://bc.cinema.com.hk

图4-9　http://www.loveramics.com

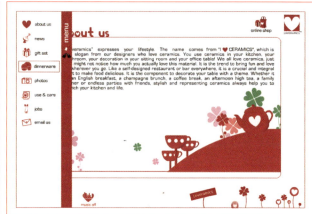
图4-10　http://www.loveramics.com

如图4-9和图4-10所示是香港某品牌网站的页面，该网站的主导航条被隐藏起来。在鼠标触击之前，导航隐藏在红色边条里；当鼠标悬停在导航条上时下级导航就会显现出来。这样的设计一方面使主导航设置清晰，另一方面下级栏目展示与隐藏的方式简便，使网站的信息结构一览无余。

信息结构有多种情况，当主导航栏目下有多个子栏目，同时又需要把其中一些重要的子栏目展示出来的时候，可以采用类似的导航设计。这样的设计适合商业网站，也适合信息量大而丰富的网站类型。

4.1.3　导航的可用性

导航是不可或缺的页面元素，寻找它、点击它，能够集中浏览者的视线，并迫使浏览者必须经常找寻它的位置。

一方面，导航的艺术性或趣味性会给浏览者带来无限的乐趣。另一方面，鱼和熊掌不可兼得，艺术性通常要以牺牲下载速度，或以牺牲易用性为代价。遇到过于繁复的导航动画可能会将浏览者的耐性磨光。这样一来，导航的艺术性和可用性就产生了矛盾。

设计师的创作要以如何有效地展示信息结构为参考。导航的艺术性对网站的整体风格起着不可忽视的作用；导航的可用性关系到网站的易用性与高效性。设计师一旦遇到了可以承受特殊导航设计的网站类型，也应该放手去创造。随着Flash技术的进步，富有创意的导航动画系统与网站整体设计之间也建立起了牢固的纽带。

如图4-11所示的网站没有首页和内页的区别，也没有版式格局的概念。五个导航项目，点击导航中的任意一个，画面会动态地移动到相应的页面，中间出现下级导航项目；再次选择点击，子导航被拉开，出现具体

图4-11　http://www.edpeixoto.com

图4-12 亚马逊之前的网站导航

图4-13 亚马逊新的网站导航

信息内容。Flash让页面跳转十分顺畅,形成一种时髦、科技、前卫的感觉。

一个网站的导航就相当于一个路标,不同的是,网站的不同栏目页的入口远比马路要复杂,所以一个清晰的导航设计对于一个网站的意义远远大于一个路标对于马路的意义。

当网站用户的需求越来越复杂时,网站的结构也变得更复杂,如何引导用户去访问网站的不同栏目,或者说如何让用户把不同栏目都串联起来,导航就应当担此重任。网站越做越大,结构越复杂栏目越多,导航条上的栏目从一行增加到两行,每个栏目导航下又配以下拉菜单……长此以往,导航条将不堪重负。

在以内容为主的时代,网站内容以丰满为佳,但网站导航恰恰应该是以一个相反的表现为佳——苗条。一个苗条简洁的导航结构对用户的吸引和引导要远高于一个丰满复杂的导航。这个问题在购物网站上表现得尤其突出。如图4-12所示是亚马逊网站之前的导航,在导航条上就容易让用户产生迷失的感觉。如图4-13所示是亚马逊网站新的导航,很显然,新导航做了相当大的简化工作,力求给用户展现一个简洁清晰的结构。新导航最大的成功之处在于对栏目结构进行了重新设计,不再将所有物品种类都摆上导航,而是根据大类来进行细分。

本节对导航设计的探讨仅仅涉及导航的概述与导航的形式,在以后的章节中我们还要继续探讨导航与页面设计、导航系统延展性等其他一些关系到实际应用的方面。

4.2 版式与布局设计

4.2.1 版式在网站界面设计中的作用

网站界面的版式设计是将文字、图形图像、色彩、动画、视频图像等网站界面的传达要素,根据特定的内容和主题,在网页所限定的范围中,运用造型元素和形式原理进行视觉的关联与配置,从而将设计意图以视觉形式表现出来,这一过程实际上是创造性、艺术性传达信息的过程。

在网页设计领域,很长时间以来版式设计被认为是技术性工作,没有艺术性可言。因为版面的设计和制作由技术人员来完成,他们只是习惯性地规定一种格式,习惯性地放入文字,再让设计师设计一些大小和内容都符合他们需要的图形图像。也许这些图形图像的创意和表现都很精彩,但由于缺乏对网页的整体理解,设计师设计图形图像的工作相当被动。网页的版式设计缺乏创造性的构思和系统性的考虑,文字和图像只是一种简单、刻板的堆砌。

现在人们越来越认识到版式设计在网站界面中的重要作用,它是技术和艺术的高度统一。版式设计不仅需要技术人员编程将它实现,而且需要设计师运用统一、对比、对称、均衡、节奏、韵律等形式进行设计,以构造出和谐、流畅、自然的网站界面。

版式在网站界面设计中的作用可以概括为实用功能和审美功能。

(1)实用功能

版式设计的实用功能主要是为了满足人们的生理需求,让人机交互能顺利进行。我们知道,人们上网的目的不外乎获取信息、交友、娱乐、购物这几种,具有很强的自主性和选择性,一旦遇到外部环境中带有负面作用的刺激就会中止浏览,转向其他页面或退出。而版式设计从人机界面的角度将这种负面作用降到最低,提供尽可能多的正面影响,它让人机对话变得轻松,促使人们迅速达到自己的目的。

(2)审美功能

与实用功能相对应,版式设计的审美功能是为了满足人们的心理需求。人们在内心深处总是存在对美的渴望和追求,他们在接收网页信息的同时,由版式设计产生了遐想和美的激情,获得了快乐和艺术性感染,这就是发自内心的审美体验。版式设计利用心理攻势撞击着人们的心灵情感,在设计师和观众之间架起了一座桥梁,达到近距离沟通的目的。

网站界面的各种视觉要素在版式设计的整体规划和组织下协调统一,相互影响,成为一个有机的整体。好的版式设计能根据网页创意,进行创造性的精心编排和设计,最终以优异的视觉构成形态,形成富有个性和意境的视觉效果。

4.2.2 版式设计的造型元素

在网站界面中,构成版面空间的基本造型元素除了点、线、面以外,还有空白。版式设计的过程就是在版面空间中经营和组织好这些点、线、面和空白,使其传达出特定的美感。网站界面中的"版面空间"不同于传统意义上的视觉传达媒体,它不像报纸、杂志、平面广告那样具有固定的版面尺寸,它的版面是变化的。首先,在水平方向上,由于大多数人的显示器分辨率设置为1024×768像素,在进行网页设计时候应以1024×768像素为参考,除去滚动条占的20像素,安全宽度应控制在1000像素以内才能浏览到全部页面内容。而在分辨率1024x768像素的设置下,页面内容只占版面空间的一部分,其余空间为背景色。其次,在垂直方向上,由于页面是可以滚动的,版面的长度不受限制,因而这样一个动态的、变化的"版面空间"给版式设计增加了难度。

为避免"版面空间"的不固定给网页设计带来的负面影响从而取得较好的版面视觉效果,很多网页在设计时采取了相应的措施。

如图4-14与图4-15所示为八零秀视觉设计网http://www.80diy.com的页面,分别是以分辨率800×600像素和分辨率1440×900显示,页面的伸缩并不改变图文自身的大小,只影响其分布,因而该版式设计具有适应性。

将背景作适当设计,以适应不同分辨率的版面效果,设置分辨率为800×600像素、1024×768像素以及1440×900像素,可以看出经过设计的背景使页面在高分辨率时仍具有一定的完整性。使用自动适合宽度的技术,当版面宽度大于800像素时,页面内容会自动伸缩从而充满整个版面宽度,以适应不同的版面宽度,这一技术对版式设计提出了更高的要求。

另外一种方法是将版式限定在固定的尺寸中,不随活动窗口中内容的滚动而滚

图4-14　800像素宽度的显示效果

图4-15　1440像素宽度的显示效果

动，这样就增加了对版式设计的控制性，此方法尤其适合于那些对网页整体风格有严格要求的图形化界面。在如图4-16所示的页面中，右下角的箭头让文字滚动，而版式不变，使页面保持一种优雅的格调。

如果不考虑网页版面空间的不确定性，网页的版式设计在造型上是有一定规律可循的，其造型元素就版式设计而言有以下一些特点。

1. 点、线、面的位置

当点、线、面这些实体形处于版面的不同位置时，产生出的视觉效果和心理作用是不同的。一般来说，居于版面几何中心有庄重感或平衡感，但容易呆板；而偏离中心位置，则打破了平衡，产生动势，越偏离动势越强，这容易造成版面的不稳定，需要在视觉上加以平衡。

如图4-17所示是宝马官方网站的页面，该网页以"一"字形的图片排列方式置于页面中心，稳定而优雅。

如图4-18所示是某创意社区网站的页面，该网页蓝色的矩形色块logo位于页面中间偏右，对应左边的文字导航信息，起到了平衡视觉的作用。

图4-16　http://www.zanif.com

图4-17　宝马官方网站http://www.bmw.com

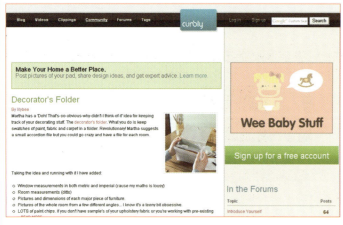

图4-18　创意社区网

2. 点的特殊作用

利用点对视线的集中属性可以将需要局部强调的部分以"点"表示,使之在版面中引起注意。这些局部强调的"点"不破坏版面的整体平衡,同时带来了变化和轻松感。在如图4-19所示的网站模板中,圆形的点状按钮对标题的强调使阅读文字产生了抑扬顿挫的韵律感。

如图4-20所示的是图片网站的页面,在该网页的导航分类条里,按照色相顺序排列设计成彩色的小圆点。由于点的强调作用,网站界面中的超链接按钮经常要以"点"的方式提示。

3. 线与面的分割作用

分割式的版式设计源于20世纪二三十年代的包豪斯时代,运用线与面对页面进行分割,既要考虑各造型元素彼此间支配的形状,又要注意分割的空间所具有的内在联系,保证良好的视觉秩序感,这就要求被划分的页面空间有相应的主从关系和呼应关系,并讲究分割的比例,以此来获得整体、和谐的视觉空间。

（1）空间等量分割

将页面空间进行等量分割,放入不同的图形图像或文字,产生秩序美。如图4-21所示的网页中将页面分多个等分,图文的形态虽多样变化,但在等量的空间分

图4-19　网站模板

图4-20　图片网站

图4-21　http://www.dexigner.com

割下获得统一和稳定。

（2）空间不等量分割

将页面进行不等量的空间分割，使页面空间产生对比与节奏感。如图4-22所示的网站大胆运用了色彩分割来构成整个页面，有些类似蒙特里安的绘画，外框鲜艳夺目的色彩与中间的黑、白背景形成对比，具有独特的视觉效果，该版面形式巧妙地表现了网页内容。

如图4-23所示是一个动漫游戏网的页面，该网站的背景色彩轻快活泼，除了文字信息之外，该网站还利用本身的动漫形象来装饰页面，取得了较好的效果。

4. 空白的处理

网站界面中除了点、线、面这些实体造型元素，其余的空间就是"空白"，空白不一定是"白"，它可以是与背景色相同的表示"虚"的空间范围。之所以把空白作为造型元素，是因为它也具有形象的特点，其形式、大小、比例决定了版式设计的质量和信息传达的能力。空白与实体互相依存，空白能使实体在视觉上产生动态感，获得张力。在中国传统绘画中，空白有着相当重要的作用，它不同于一般意义上的空白，它同笔墨相联系，实际上是绘画作品艺术整体的有机组成部分。空白的表现力丰富，同时又使笔墨生动灵妙，无怪乎古人说"形得之子形外"、"计白守黑"。

如图4-24所示是雅虎的首页，雅虎是世界上最早的互联网信息门户网之一，版面的面积可以说是寸土寸金。首页的信息量很大，大部分面积被文字信息所占据，但是在顶部搜索引擎部分留出了一定的空间，给整个版面"透气"。

图4-22　http://www.iamoled.com

图4-23　http://www.doof.com

图4-24　雅虎www.yahoo.com

图4-25　YOJIN

图4-26　MCDG

　　在网页版式设计中，"有形"的表现固然重要，"无形"的部分值得推敲，我们在安排图形图像和文字的位置和进行大小变化时也应该考虑空白的位置和大小；在斟酌图形图像、文字之间的呼应关系时也应该考虑空白的呼应，这才能赋空白以生机。

　　如图4-25和图4-26所示的网站在页面中巧妙地留白，讲究空白之美，有助于更好地烘托主题、渲染气氛、集中视线、加强空间层次感，使版面疏密有序、布局清晰。但这并不是说空白越多、图文越少越好，页面空白量的多少需根据网页的内容和整体风格而定。一般来说，信息量大，以内容为主网站的空白较少，而专业性、抒情性、艺术类网站的空白则应适当加大。

5. 造型元素的综合运用

　　在网站界面这一视觉整体中，各种具体、抽象的形象按其形态、大小的不同均可以归纳为相应的点形、线形、面形。因此，点、线、面、空白的关系从本质上反映了客观世界普遍存在的对立与统一的关系。版式中点、线、面、空白的成分兼而有之，相互影响，往往能使用户在视觉上得到满足。根据点、线、面、空白各自不同的视觉属性，将它们灵活处理，以产生各种生动的、极具个性和差异性的形式关系，实现对造型元素的综合运用。

如图4-27所示是BORIBORI网站的页面，BORIBORI是一个关于儿童时尚服饰的电子商务网站，该网页的版式充满变化，很活泼。网页充分利用了点线面造型元素，丰富而不杂乱，元素都在统一的构图控制之中。

如图4-28和图4-29所示是yahoo To you网站的页面，该网页中像唱片一样的圆形和线状结合，构成不同的排列形式，富有动感和时尚气息。

图4-27　BORIBORI

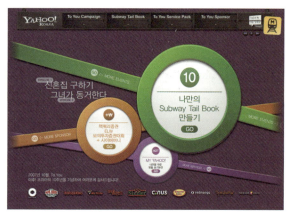

图4-28　yahooToyou

图4-29　yahoo To you

4.2.3 版式构成的类型

以上从造型因素和视觉因素两方面对网页版式设计进行了分析，讲述了一些原理和手段。但是，正如中国古典园林建筑所推崇的"有法而无定法"，在进行网页版式设计时，要灵活运用这些原理和手段，大胆构造和想象，设计出形式新颖、富于美感、表达清晰、紧扣主题的页面形式。

在进行网页版面设计时，我们仍需使用前面提到的电脑图形图像设计软件。随着新版本的不断推出，各种软件都增加了专为网页设计开发的新功能，它们能帮助我们简化操作，直观地看到模拟效果。而网页设计的实现和制作过程，则需使用Dreamweaver这样的网页编辑软件，一些图形化的界面甚至可以直接使用Flash软件来实现。

不同的版式就会有不同的视觉流程，根据视觉流程的类型及网页版式的实例，总结出以下版式构成的类型：水平分割、垂直分割、水平与垂直交叉分割、中轴型、倾斜型、曲线型、重心型、反复型、散点型等。其中，水平分割、垂直分割、水平与垂直分割常用到水平线、垂直线、矩形等，这些形式在网页制作时容易实现，且页面能容纳较多的信息含量，因而是网站界面中使用相当广泛的构成类型。但并不是说这些类型的网站界面因构成元素单纯而平淡无味，经过设计师巧妙的构思和编排，直线和矩形同样能发挥超凡的艺术魅力。而且任何一种水平、垂直的构成都会把页面划分成若干视觉区域，促使浏览者的视线进行阶段性的流动，造成视线流程的节奏性和明显的顺序性，有利于保证视觉流程按设计意图分层次地进行。

1. 水平分割

页面中的水平分割与排列强调水平线的作用，使页面具有安定、平静的感觉，用户视线在左右移动中捕捉视觉信息，符合人们的视觉习惯。

如图4-30所示是Furniture网站的页面，该网页使用水平均匀分割，将页面分割成上下相等的两部分，视觉效果很均衡。导航位于中间，形成视觉中心。

如图4-31所示是某设计公司网站的页面，该网页使用水平不均匀分割将页面分割成上下不相等的两部分。一般来说，如果在上半部安置标题或导航，则其面积将变小。

图4-30　Furniture网

图4-31　某设计公司网站

在如图4-32和图4-33所示的两个网站模板中,水平多次分割使页面沿水平分割成大小不等的几个部分,横向排列的图片和标题文字强调了水平分割的层次和精确感。

水平变化分割是在水平分割的基础上进行变化。如图4-34所示是Vodafone音乐网的页面,水平分割与斜线、弧线相结合,打破了页面的安定,产生运动和速度感。

2. 垂直分割

页面中的垂直分割强调垂直线的作用,具有坚硬、理智、冷静和秩序的感觉。在如图4-35所示的网站模板中,垂直均匀分割把页面分割为左右相等的两部分。在视觉习惯上,当左右两部分形成强弱对比时,会造成视觉心理的不平衡。这时,可将分割线做部分或全部的弱化处理,或在分割线处加入其他元素,使左右部分的过

图4-32　网站模板

图4-33　网站模板

图4-34　Vodafone音乐网http://music.vodafone.com/

图4-35　网站模板

渡自然而和谐。在如图4-35所示的网站模板中，左右两部分在色彩上的对比由于视觉中心的图文而减弱，左上角的标志减轻左半部的重量感，使页面更为融洽。

在如图4-36所示的网站模板中，垂直不均匀分割把页面分割为左右不相等的两部分，左边的视觉注意度较高，因而放置标志、导航信息、主体形象等。如果将主体形象放在左右分割处，则会减弱左右部分的对比，加强它们的联系，成为该页面的视觉中心。

在如图4-37所示的网站模板中，网页的水平线与垂直分割产生强烈对比，色相之间也产生强烈对比，该页面靠强化对比效果来加强视觉冲击力，垂直多次分割使页面沿垂直方向分割成大小不等的几部分。这个页面具有很强的层次感，上边为主栏目导航，右边为次级栏目导航，中间为相应的内容。

如图4-38所示是网站http://coolboom.net的页面，这个网页的结构是水平分割与垂直分割相结合的形式，将水平分割与垂直分割同时使用，它们之间容易形成对比关系，较之单向分割更为丰富、实用而灵活多变，这样的设计打破了构成方式的呆板，使页面更具个性化和青春气息。

如图4-39所示是某品牌时装网站http://www.gluejeans.com的页面，该网页中

图4-36　网站模板

图4-37　网站模板

图4-38　http://coolboom.net　　图4-39　http://www.gluejeans.com

黑、白、灰色彩层次将画面垂直分割为二个部分，形式显得简约而高雅。

4.3 色彩设计

在任何视觉艺术领域里都不能避免探讨色彩的因素。除了专门的色彩学的研究之外，在艺术设计学科的教学中也往往会把色彩作为重要的基础教学内容之一，很多设计艺术院校都会在大一开设"色彩构成"或"色彩基础设计"等相关课程，在这里也要针对网页设计这一专门的领域探讨色彩设计。

色彩在人们的生活中都是有丰富的感情和含义的，比如红色让人联想到玫瑰，联想到喜庆，联想到兴奋；白色联想到纯洁、干净、简洁；紫色象征着女性化，高雅、浪漫；蓝色象征高科技，稳重、理智；橙色代表了欢快、甜美、收获；绿色代表了充满青春的活力、舒适、希望等。当然不是说某种色彩一定代表了什么含义，在特定的场合下，同种色彩可以代表不同的意义。

4.3.1 色彩设计的作用

1. 表现主题与营造风格

色彩不仅给我们视觉上美的感受，更能深深地打动我们的心灵，它唤起了我们对事物的想象。在网页设计中，我们可以利用色彩所具有的丰富表现力及情感效应使网页的内容与形式有机地结合起来，利用色彩来体现网站的特色，突出其主题。

如图4-40所示是德国著名啤酒品牌BECK网站的主页，该页面在整体风格上使用金属灰色和绿色、红色搭配，象征了啤酒瓶的色彩和形象色，用色彩塑造了品牌形象。

一提到麦当劳脑海里会闪现跳跃的红色，而说到百事可乐我们会想起它蓝白红对比的感觉，麦当劳网站的主页如图4-41所示。

图4-40　BECK

图4-41　麦当劳网站

如图4-42和图4-43所示是电影《画皮》网站的页面，该网页整体色调偏暗，营造出了鬼魅神秘的意境。

2．色彩衬托版面布局

利用不同的色彩可以进行网站界面的视觉区域划分和信息分类布局。利用色彩能给人造成不同的心理效果，从而进行主次区分、视觉流程的调整，使网页具有良好的易读性和方便的导向性。对色彩的系统规划设计可以使网页的整体风格统一，给浏览者完整、有序的视觉印象。设计师充分利用色彩对网页中的信息进行划分布局，将它们按主次和视觉流程进行编排，使用户阅读更加方便。统一的视觉色彩风格达到了完整有序的效果。

3．引导视觉与强调信息

充分利用色彩对版面中的重要信息进行强调，引导用户的注意力，有利于推广新产品，使用户加深记忆，提高信息传播效率。在商业性产品展示网页中，色彩的强调功能尤为突出。如图4-44所示，在淘宝网产品显示页面中，整体色调很单纯干

图4-42　《画皮》

图4-43　《画皮》

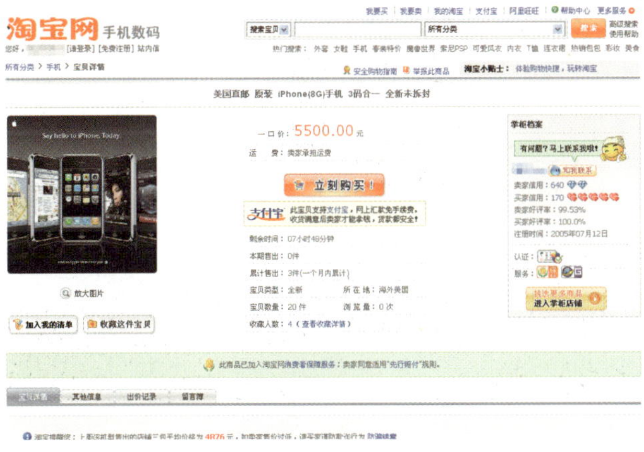

图4-44　淘宝网

净,但是"立刻购买"按钮被设置成鲜明的橘红色,非常醒目,让用户很方便下单购买产品,因为在这里,购买是最重要的功能。

如图4-45所示是CWellDay网站的页面,CWellDay是关于唇膏的网站,该网页色彩很清新明快,产品在红色的背景衬托下显得很突出,让用户很快就可以浏览到产品的情况。

4.3.2 网页色彩的设计方法

通过利用色彩的色相、明度、纯度、冷暖、面积的对比和协调来营造特定的视觉空间和氛围。

1. 定位主色调

网页色彩设计首先需要确定画面的主要色彩倾向,即主色调。主色调就犹如音乐中的主旋律,图4-46所示是迪斯尼的首页,该网页以深蓝色为主色调,对整个网页起到了主导作用,有类似电影银幕的感觉,突出了以影视为主要产品的特点。其他部分的色彩都要根据主色来搭配,为了使色调不沉闷,该网页以使用了局部的白色和纯度较高的蓝色,这样的明度对比与纯度对比使画面生动,充满了梦幻色彩。

一个网站不可能单一的运用一种颜色,这会让人感觉单调、乏味;但是也不可能将所有的颜色都运用到网站中,这样会让人感觉轻浮、花哨。一个网站必须有一种或两种主题色,不至于让客户迷失方向,也不至于单调、乏味,所以确定网站的主题色也是设计者必须考虑的问题之一。当主题色确定好以后,考虑其他配色时,一定要考虑其他配色与主题色的关系,要体现什么样的效果,同时要考虑哪种因素占主要地位,是明度、纯度还是色相。

2. 运用色彩对比与调和

色彩搭配所产生的美感虽然千变万化,但搭配方法归纳起来无非是处理好对比

图4-45　CWellDay

图4-46　迪斯尼

与调和的关系。页面中各种色彩的色相、明度、纯度和面积、形状、位置以及心理的差别构成了色彩之间的对比。对比产生美，没有对比就没有刺激神经兴奋的因素。调和是配置色彩的手段，也是取得色彩美的基础。我们既要用对比来产生和谐的刺激，又要用适当的调和来抑制过分的对比，从而给人舒适的美感。

色彩对比分为色相、明度、纯度、冷暖和面积上的对比。色彩感觉与面积对比关系很大，同一组色彩，面积大小不同，给人的感觉也不同。调和色彩关系时，合理安排各种色彩占据的面积非常重要。

冷暖对比是从色彩心理学角度来考虑的，一般来说红、橙、黄为暖色，绿、青、蓝为冷色，在具体搭配时要根据主题确定色调的冷暖倾向，并注意冷暖的搭配和协调。

如图4-47所示是韩国PSP网站圣诞节主题的页面，该网页的色彩使用了红和绿的色相对比，视觉效果很强烈，将绿色面积设置得较少，从而达到了调和这一互补色的对比度的目的。

明度对比得当与否，是决定画面的光感、明快感、清晰感的关键。如图4-48所示是世界著名的图形软件开发商AUTODESK网站的页面，该网页在明度很低的背景下，画面是亮蓝色圆点构成的世界地图，形成闪烁的感觉，突出了其服务国际化的

图4-47　PSP网站

图4-48　AUTODESK

特点。

如图4-49所示是Vodafone音乐网的页面,该网页背景的黑灰色与前景鲜亮的绿色形成强烈的视觉对比效果,突出了年轻时尚的感觉。

3．黑、白、灰的运用

黑、白、灰是万能色,可以跟任意一种色彩搭配。当你为某种色彩寻找搭配的颜色苦恼的时候,不防试试用黑、白、灰。当你觉得两种色彩的搭配不协调,试试加入黑色或者灰色,或许会有意想不到的效果。对一些明度较高的网站,在背景中配上黑色,可以适当地降低明度。

如图4-50所示是Anycall手机网站的页面,该网页运用黑色作为主色,象征产品的高科技,突显出神秘、高雅的感觉。黑白搭配虽然不如彩色那样耀眼,但黑白所具有的表现力和神秘感超越了任何色彩的效果。

白色是网站使用最普遍的一种颜色,很多网站甚至留出大块的白色空间,作为网站的一个组成部分,这就是留白艺术,很多设计性网站较多运用留白艺术。留白给人一个遐想的空间,让人感觉心情舒适、畅快。如图4-51所示是GEOX品牌网站的

图4-49　Vodafone音乐网

图4-50　Anycall手机

图4-51　GEOX

图4-52 百事可乐

页面，该网页恰当的留白对于协调页面的均衡起到了相当大的作用。

4.3.3 网页颜色的风格

不同的网站有自己不同的风格，也有自己不同的颜色。网站使用的颜色大概分为以下几种类型。

1．企业色

在现代企业中，公司的VI形象显得尤其重要，每一个公司的VI设计必然要有标准的颜色。比如新浪网的主色调是一种介于浅黄和深黄之间的颜色，同时在做形象宣传、海报、广告时使用的颜色都和网站的颜色一致。如图4-52所示是百事可乐网站主页，百事可乐公司的主色调是鲜蓝色，这样的颜色使用到网站上显得色调自然、底蕴深厚。

2．风格色

许多网站使用颜色秉承的是公司的风格，比如海尔使用的颜色是一种中性的绿色，即充满朝气又不失自己的创新精神。女性网站使用粉红色的较多，大公司使用蓝色的较多，这些都是在突出自己的风格。

3. 习惯色

这些网站的颜色使用很大一部分是凭自己的个人爱好，以个人网站较多使用，比如自己喜欢红色、紫色、黑色等，在做网站的时候就倾向于这种颜色。每个人都有自己喜欢的颜色，因此这种类型的颜色称为习惯色。

总之，网页的色彩设计是不可忽视的重要因素，它贯穿整个设计过程，合理地使用色彩能有效地传达信息并提升网站的品牌价值。我们需要以科学的色彩理论为指导，并结合美学规律和现代网页设计技术，综合考虑浏览者的色彩心理和审美倾向，设计出更具吸引力并且个性鲜明的网站。

练习题

1．在网上下载你认为优秀的网站界面设计，分析其版式中所蕴含的美学形式原理。

2．结合第二章练习题2和第三章练习题1进行作版式设计，注意视觉流程的合理性。

3．自选内容进行页面版式的不同类型的分割设计，注意分割的灵活性。

第5章
界面风格教学实例

CHAPTER

图5-1　　Apple.com

图5-2　　Apple.com

图5-3　　Apple.com

当你上网使用网页浏览器一段时间，离开后你还能记得什么？

两周后，当你想起某个网站，你最先想起来的是它的哪个部分？

这些给你留下最深刻印象的环节，正是网站风格创作展开的线索。

掌握网站界面设计与形式的方法是成为合格网站设计师的基础，而能设计出满足用户需求的界面风格是成为优秀网站设计师的必要条件。

5.1　网站界面风格与风格分析

5.1.1　关于风格

风格(Style)这个词主要在文艺领域里使用较多，是指在艺术上独特的格调，或某一时期流行的一种艺术形式。就网站的风格设计而言，风格汇聚了页面视觉元素统一的外观，用于传递文化信息，不仅能帮助浏览者记忆和解读网站，也能帮助网站树立别具一格的形象。

页面上的每个元素都必须为了同一个目标而努力，如果每个元素都要争奇斗艳，那就无法形成和谐统一的外观了。拼凑而成的作品，并非是它的导航或是按钮设计得不好，而是因为导航和按钮的格调不同，插图与格局不匹配，这样的网站是无法形成独特风格的。

如图5-1至图5-3所示是Apple.com网站的页面，我们尝试用风格语言来描述它们，看看从中能得到些什么启示。

该网站的风格特征有以下几点：

①很简洁，格局的划分是通过信息的排列自然形成的。

②导航是纯文字的，页面上没有一丝一毫多余的装饰元素。

③很开阔，明朗又大气，画面以边沿为界线，背景为白色。

④色彩少，插图色彩丰富而有内容。广告条是纯黑色的，标志也很大气。

⑤很自由，栏目与栏目(格局)的划分宽窄不固定，根据每页的信息特点，在有秩序的条件下不断地做局部调整。

⑥很整齐，插图不描边，文字排版没有边框的局限，一切看起来都十分自然。

当出现插图多的页面时，一定会有一幅大的插图为主图，其他插图面积较小，这样看起来十分有序。字体的变化帮助浏览者轻松地查找重点信息，使阅读既轻松又舒适。

Apple.com富有现代主义的简约风格，简洁、自由是这个网站的主要特点，给浏览者一种高档次、高层次的感受，也很符合其文化内涵。

5.1.2 风格分析

网页风格分析是以版式和视觉效果为标准对各种各样的网页进行分析的过程，依照"结构、版式布局、形态、图形、色彩、动态效果"等细节要素对千差万别的网页进行观察，可以有体系地分析针对网页风格独创性、多样性、实验性的设计策略和网页主题及网页元素，另外，还可以很容易地掌握网页的主要信息及功能的差别性。也就是说，以网页设计为标准，可以评测基于网站性质和功能的使用性、构建策略、构建方法等，并观察其效果。

通过网页风格分析可以扩展设计师的思路，获取表现的信息和创意，以确定合理的设计模式和理念。网页风格分析有助于网页设计师琢磨使用者的期望，确定适合网页性质差别的网页风格。

一般而言，网络使用者比较喜欢浏览实用性强、快速简洁的网页，但是，现在一些实用性很强、通过先进网络技术提供时尚刺激体验感的网页也受到使用者的青睐。使用者的双重取向促成了不同风格网页的共存，网页风格也变得多样化。只有满足了使用者的要求，融合了使用性和差别化的独创性的网页风格才能受到使用者的关注，这就对网页设计师提出了更高的要求。

1. 风格分析的目的

搜集风格分析的资料要围绕同类网站与优秀网站两方面进行，同类网站是指与目标网站用户相同的网站及通过分析同类网站的优缺点及共同点和差异，网页设计师可以掌握业界的动态，确立差别化的设计策略，向客户提供资料依据。

主要关注以下几个方面的问题：
①能否适用同类网站的共同点？
②如何对同类网站之间的共同点进行差别化分析？
③能否进一步体现同类网站的优点？
④如何将同类网站的缺点转化为优点？

可能有些同类网站的设计非常优秀，也可能设计得非常差，设计师们一定要斟酌是否定位于比低水平的竞争网站更高的标准。与此相反，对优秀网站的分析是网页设计师拓展自己视野的有效方法，设计师们最好认真细致地观察优秀网站的网页布局和形态，包括图形、色彩、导航、互动性等视觉效果以及内容构建形态等表现效果。对优秀网站进行分析与对竞争网站进行分析相比有利于突破设计师的思维定式，激发创意。分析优秀网站时也要用心琢磨，多给自己提出问题，"如何能使证券网站的设计更加新颖"，"如何能让搜索引擎网站推陈出新"，有创意的思路经常源于这些问题。性质类似的网站设计模式大多也相似，网页设计师们也没有更好的解决方法，这是因为许多客户和设计师们对证券网站、新闻网站、搜索引擎网站、游戏网站等的设计类型已经有了先入为主的印象，网页设计师往往也因为先入为主的印象而设计出相似的类型。如果是抱着"这样就可以"的想法，或者是客户没有提出新颖的设计要求，就很容易设计出相似的网页。

但是，不管有没有先入为主的印象，更重要的是要有判断和调整设计网页时自己感到"满意"的能力。设计思考和判断能力就是通过不断分析比较优秀网站得以提高的。对同类网站及优秀网站的分析经验不仅对于网页设计师确立设计策略和构思有创意的思路有直接的帮助，还有助于提高设计项目的品质。

2. 网站风格实例

（1）个人设计作品站DESIGNIN

如图5-4所示是网站DESIGNIN的页面，这个网页灰绿色与米色出现的频率很高；图很多，面积差别不大，每个都很醒目；所展示的图片宽度都是700像素，这样显得统一有序；通过白色边框划分每个项目中的图片，在区域与区域的界限之间留有一定空间；色彩虽然非常淡，可还是能够让人感受到这种界限；因为页面很长，必须拖动滚动条信息才会出现，这就缓解了信息拥挤和结构繁琐的感觉；没有过多的插图广告，具有鲜明的气质。

特征鲜明、传达信息准确是网站风格成功的关键。设计出一个得体的网站作品不难，但要想形成别具一格或过目不忘的网站风格却不容易。对于那些信息量大的网站来说，页面格局对网站风格具有直接的影响。

而对信息量小的网站来说，网站风格的成败可以通过时间来判断。当你阅读过网站一段时间后，还能对网站中的某个环节留有深刻的印象，说明这部分的视觉元素正是该网站风格的特点。也许你无法用十分明确的语言来形容网站的风格，但却可以提出一两个视觉元素作为描述的代表。

图5-4 DESIGNIN

（2）如图5-5所示是新加坡个人电影主题网站http://www.d3zin3.net的页面，这个网页采用照片拼贴的方法表现艺术效果，加上涂鸦艺术，风格感很强。

（3）红色互动设计Red Interactive Agency

能够使人过目不忘的，不仅在于视觉艺术，在操作、阅读环境及技术实现等方面，同样可以树立网站独特的风格。如图5-6至图5-8所示是红色互动设计Red Interactive Agency的网页，其成功之处在于创造了一个虚拟的地球环境，用户可以通过操作键盘来控制页面中的人物（上下左右移动），人物角色可以自己设定。只要是浏览这个网站的人都可以获得一次角色扮演的机会，随着所扮演的角色四处走动还可以碰到同时在线的人并与他们对话。

该网页页面的导航也很清晰，在右上角是导航区域，分为六个项目，红、黑、白几种颜色搭配很有视觉冲击力。

图5-5　新加坡个人电影主题网站

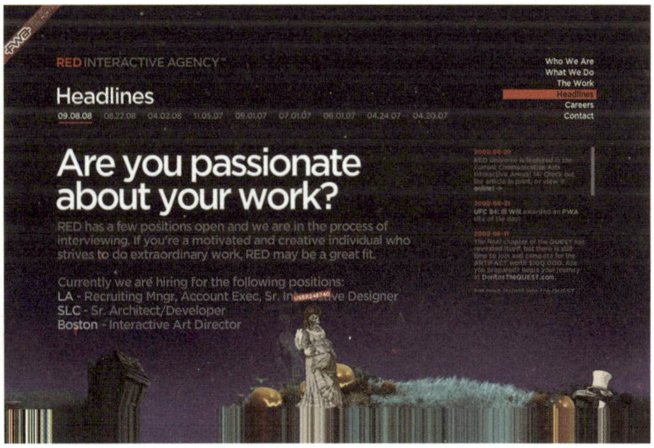

图5-6　红色互动设计Red Interactive Agency

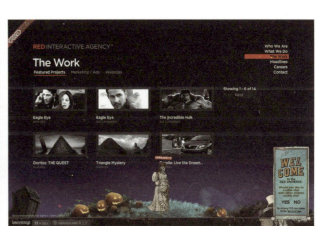

图5-7　红色互动设计Red Interactive Agency

图5-8　红色互动设计Red Interactive Agency

3. 风格分析与页面的整体性

要依靠丰富的审美经验和扎实的实践基础才能进行较好的网站风格设计与创意思维的开展，对初学网页设计的人来说难度较大。只有当你对页面设计的各个环节较为熟练，并能阐述出自己的见解时，才能顺畅的进行构思和创作。

有些人可能认为，所谓风格不就是弄点特殊的东西，使自己的网页和别人的不同吗？这样想很片面，一来视觉设计的"独特性"只是网站设计的一部分，二来文化信息传达的准确性也是非常重要的。既要构思出有别于其他网站的作品，又不能无根据的、一味的寻求特殊，必须在符合网站内容和建设目的的条件下寻找突破点。

如图5-9至图5-12所示是汽车Mundo Eco网站http://www.virtualpieces.com.br/awards2008/ford/mundo_eco的页面。EcoSport是Ford的运动版汽车，设计者的思维

图5-9　Mundo Eco

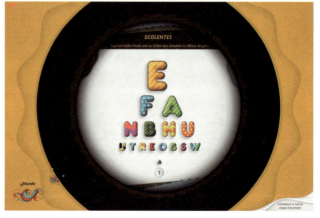

图5-10　Mundo Eco

图5-11　Mundo Eco

图5-12　Mundo Eco

并没有被机械类产品所限制,在网站风格方面使用活泼的色彩和动感的图形,为产品增加了时尚感和运动感。设计者在网站不同的页面反复使用曲卷的图形,让整个网站形成统一的风格,加深了用户的视觉印象。

从形成统一外观的角度考虑,风格设计还是有些技巧可以学习的,反复与减弱是创作的两个重点技巧。大部分设计师构思时都要从某一个页面开始,而这个页面十有八九是网站的主页,一旦确定了主页的样式,就要把它运用到网站中的其他页面上,这就是重复、替换、调整的过程。

如图5-13至图5-16所示是韩国锦湖Eco-up轮胎网站http://eco-up.kumhotire.co.kr的页面,网站首页是底部导航,其他页面也使用完全相同的设计;网页右上角的四个导航为特殊栏目,用绿色框按钮加以区别;各网页中信息和插图的位置也相

图5-13　锦湖Eco-up轮胎　　　　　　　　图5-14　锦湖Eco-up轮胎

图5-15　锦湖Eco-up轮胎

图5-16　锦湖Eco-up轮胎

同,只是根据信息内容的变化进行了稍许调整;各个网页背景插图的风格也是一致的,这是为了体现出清洁环保的感觉。不管是主页面还是其他页面都有带着绿叶的圆形,这就呼应了当用户打开页面等待时转动的圆形,在图形上统一了页面风格。再拿其他两个栏目的页面比较,这次我们感觉到了惊人的相似,这种重复的过程加深了浏览者对网站形象的记忆,这也就是使网站形象变得鲜明的过程。

统一使网站形象从抽象变为具体,而调整是为了让网站看起来更加丰富。如从主页到栏目页到一般内页全是一种格局,毫无变化,这会像是偷工减料了一样,给浏览者一种不被重视的感觉。所以说,页面在统一中不断寻找变化是对浏览者的一种尊重,也是工作态度认真的表现。

如果你想要突出页面或网站的某一特征,想去强调它的意图,就要通过弱化其他元素来实现。在创作时,我们一定会为拥有多个创意而欣喜,但割舍是这个时候必须要做的事情。如果把所有的创意都表现在一个作品中,这样做往往得不偿失。风格创作就好像是设计者在导演的电视剧,页面元素们谁要做这场戏的主角,而谁是起烘托作用的配角,全都要设计者来调配。观众们只能记住一个特征,并以这个特征来评价网站,如每个环节都特殊,那将失去创作的方向感,减弱是必须铭记在心的审美技巧。

5.2 网页风格表现

学习风格设计没有现成的教科书,或许一部分未曾打开思路的读者对比会更加摸不着头脑。为此,从优秀的作品中总结出来几个要点,可以作为创作时的参考。但想要真正适应创作思维只有多进行创作,使自己可以随时随地摄取灵感,这样才能真正进步。

5.2.1 突出造型的特征

网站上的任何元素都能对风格创作产生影响,前提是这种元素本身极具特色。如图5-17至图5-20所示是文字构成的风格网站的页面。

网站由很多的文字构成,文字的大小、位置、排列的变化有着理性的风格。类似的网站比较少见,文字风格网站的视觉效果很强。

如图5-21至图5-24所示是网站http://www.businessmind.co.kr/event/200810/main.asp的页面。该网站突出佐罗的形象和彩色复印的主题,产品运行的速度像佐罗的刀一样迅速,在字体方面也设计成锐利的手写体,把信息量和框架融合得很完美。当锐利迅速这个特征扩大到一定程度时,就带动了网站的整体风格形成。如果设计者借用了一些著名的形象,则必须把它们设计得更有特色,否则不是变成抄袭

图5-17 http://www.bigmanbr.com.br

图5-18 http://www.bigmanbr.com.br

图5-19 http://www.bigmanbr.com.br

图5-20 http://www.bigmanbr.com.br

图5-21　FUJI XEROX

图5-22　FUJI XEROX

图5-23　FUJI XEROX

图5-24　FUJI XEROX

图5-25　DESIGN DISEASE

图5-26　DESIGN DISEASE

图5-27　DESIGN DISEASE

就是变得平庸。

这些风格的轴心思想是可以被设计者们参照、借鉴的，在框架设计上寻找突破点，完全可以创造出崭新的风格。

如图5-25至图5-27所示是网站http://designdisease.com的页面，该网站内按钮、图形、文字框都是流动的曲线，这使页面变得生动有趣，网站形象由留在了浏览者的记忆之中。

风格创作似乎很神秘，但如果看过粗边棱角风格的网页作品，创作思路应该有所改变了。越是细小和经常使用的元素越容易吸引人们的注意力。创意构思并不复杂，从最普通、最常用的页面元素开始，往往能得到很多有趣的灵感。

5.2.2　运用视觉识别和卡通形象

VI是英文Visual Identity System的缩写，是指将企业的一切可视事物进行统一的视觉识别表现和标准化、专有化，通过VI将企业的形象传达给社会公众。吉祥物也是VI中一个特殊的单项，它在网络中的应用也非常多。

如图5-28至图5-30所示是饮食网站sevensprings.co.kr的页面。该网站的LOGO

图5-28　SEVENSPRINGS

图5-29　SEVENSPRINGS

图5-30　SEVENSPRINGS

图5-31 SLOW

图5-32 SLOW

图5-33 SLOW

是由七个圆点组成的，将其造型放大突出，与网页页面结构结合起来。网站下部的主信息区为两栏式，小导航占据左栏，正文放在右栏。页面点缀不多，铺色面积不大，而背景简洁的白色使页面看起来十分干净。网站中大分割格局和导航很占空间，很大的插图设计方式是为了缓解信息量少的问题。

如图5-31至图5-33所示是SLOW网站http://www.slow.or.kr的页面。该网站以卡通蜗牛为网站主要形象，在不同的页面该形象的动作和表情都不同。页面的格局十分简单，卡通形象给用户留下了深刻的印象，插图也很清晰、真实，从网站的色韵中体现出一种高品位的感觉，并具有良好的亲和力。除了留意排版设计的美观，我们还要注意到企业文化信息的传达，这是依靠页面上所有元素的和谐统一来完成的。

5.2.3 图形图像与页面结合

信息量大的网站要想做出特色必须在格局设计上寻找突破点，因为大量的信息占满了页面，没有多余的空间能够用来进行图形图像与动画的创作，静态或动态的插图只能作为点缀，无法对网站的风格产生较大的影响。

由图形图像和动画创作出拥有与众不同的魅力的网站是网络上最常见，也是最不易总结的一类，此类风格适用于信息量少的网站类型。

如图5-34所示是跟饮食有关的网站http://baskinrobbins.co.kr的页面。该网站将实拍的照片与卡通图形相结合，制造了一种现实与虚拟动漫世界混合的效果。

如图5-35所示是创意主题网站http://www.bootb.com的页面。在该网站中插图与色彩一直是一对形影不离的伙伴，插图使色彩便于解读，色彩使插图更加丰富。当插图的面积很大时，插图的风格就是网站的风格了，与此同时，插图中的色彩即是页面的主色调。

如图5-36所示是某网站设计的模板，我们可以从这个网站设计模板中体会到插图创作的魅力，并对明度高、冲突多的色彩搭配有一个新的视点。像这样运用渐变色彩的网站不是很多，渐变色彩具有非凡的魅力，很容易被记住，在移动画面时体

图5-34　baskinBRrobbins

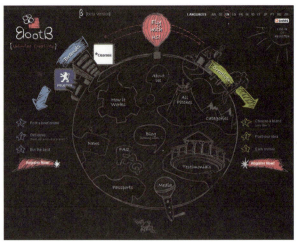
图5-35　BOOTB

图5-36　网站模板

现的空间感和层次的变化也表现了设计者卓越的才能。

　　背景插图的魅力逐渐被设计师们所认知，它可以把浏览器变成一个真实的环境，就好像如图5-36所示的海底世界一样。但要注意两点：一是大背景上承载的多数都是国字型结构，不适合信息量大的网站类型；二是用Flash实现会让画面更加精彩，但同时将占用更多下载的时间。这就需要权衡利弊，看看是否值得这样做。

　　把特征夸张，也是"延伸VI和卡通形象"、"图形图像"等风格构思的核心思想。不论是把标志和吉祥物提到创作上来，还是插图、文字或动画的特色，都将反映在人们对网站的风格评述中。设计者唯一要做的事情就是协调特色部分与一般部分的强弱关系，使它们能够和谐统一。

5.2.4 交互式动画

随着网络传输速度的加快以及新的网站制作技术的出现，使用动画和Flash交互效果的网站越来越多。相比传统页面，具有交互性和动感效果的网站更能吸引用户的兴趣，增强用户的使用体验。如图5-37所示是网站http://www.themummy.com的页面，该网站用Flash技术表现了木乃伊变成沙子飞扬的效果。

Flash可将视频、文字、音效和图像整合成引人注目的多样化互动多媒体，制作出专业的平面动画、线上广告、网站、多媒体教学以及线上游戏等，能以高速、高品质的使用接口展现多媒体内容。随着Flash以及相关软件的发展，Flash这个工具已经越来越多地和其他相关软件进行结合，在发展前景上也是大有可为的。在Web方面，随着计算机软件和硬件的发展，它将给用户带来更多的惊喜，Flash互动技术会让浏览者感受网络的无所不能。

图5-37　MUMMY电影网站

如图5-38至图5-41所示是NISSAN SHIFT网站http://www.nissan.co.kr的页面。在该网站中按住shift键和上下左右键可以改变网站上的画面构图,充满了动感和趣味性。

其实,采用Flash技术实现的网站已经非常多了,它消耗的工作时间比较长,但界面精美得多。Flash类型的网站几乎没有格局的概念,灵感多来自平面设计、海报、印刷品或是生活当中的某些有趣的事情,最重要的是这种发散式思维的设计能够给人无限的想象空间,动画中还能带有无限的趣味性,从而调动浏览者的积极性,使他们参与其中。

要想自己创作全Flash网站,只能从多看他人的作品开始,多多积累自己的创作经验,不断提高软件使用的熟练程度,挑战一些需要极大耐心的制作项目,多下些

图5-38　NISSAN SHIFT

图5-39　NISSAN SHIFT

图5-40　NISSAN SHIFT

图5-41　NISSAN SHIFT

图5-42 DELVALLE

图5-43 DELVALLE

工夫，才能实现构思。

如图5-42和图5-43所示是三维场景的网站http://www.delvalledosmonstros.com.br的页面，从一开始进入的页面就是一段三维效果的动画，上面有很多小游戏。

三维风格在网络上并不常见，这是因为网页设计师中会使用三维设计软件的很少。物以稀为贵，三维风格所体现出的软件应用程度和构思的巧妙程度都是难得一见的，所以深受人们的喜爱。从实用的角度看，此类风格应用的范围较小，如果能在虚拟真实的产品展示中采用三维效果应该是个相当不错的选择。

5.3 《网站策划与设计》课程

5.3.1 教学大纲

课程名称：《网站策划与设计》

课程对象：广州美术学院新媒介设计专业三年级

课程性质：专业必修

任课教师：Ricky

1. 教学目标和任务

互联网发展至今已经成为现代人生活中一个非常重要的信息交流平台，而这些信息的传递主要以视觉符号的形式展现给受众。网站策划与设计正是要研究这些信息在网络这一特定媒介上是如何通过视觉传递等手段与受众进行交互的课程。

课程的教学目标主要是通过对网站的构思策划、视觉界面的设计与实现等专业知识进行讲授，并让学生通过相应的作业练习能基本掌握网站界面设计中相关的设计思维与视觉表现方法。

2. 教学原则和要求

在本课程的教学实施过程中，必须贯彻理论联系实际、循序渐进、因材施教的教学原则。鉴于计算机技术的快速发展，本课程的教学应保持动态、持续地更新，任课教师应根据课程实施当时的实际情况进行相应的调整。

3. 教学方法

运用多媒体教学手段进行教学，在计算机网络教室通过大屏幕投影授课，学生同步操作，采取上课+上机操作+分组集中辅导的教学方式，设置实体或虚拟项目带动教学。

在教学过程中采用多种形式和手段相结合的方式进行教学，包括通过多媒体课件授课、分析案例、个别辅导。注重理论与实际相结合，组织课堂讨论、市场调研。以演讲的方式组织学生进行课题汇报，使学生理清设计思路，增强对设计构思的表述与执行能力。

4. 授课年级和学时安排

新媒介艺术设计专业 三年级上学期 四周 共70学时

5. 教学内容和时间安排

《网站策划与设计》课程概述：14学时

网站策划与方案制定：14学时

网站设计风格与方法：14学时

专题设计：28学时

注：以上穿插了设计作品赏析、界面交互技术应用内容。

6. 课堂作业

各章节练习题

7. 教学质量标准

8. 考试安排和评分方法

课程考核由两部分组成：提交作品，按项目需求完成作品占80%，平时表现及练习检查占20%。

9. 教学参考

提供项目资料，创作过程中辅助素材自备。

《网站策划与设计》课程教案参见图5-44。

《网站策划与设计》课程教案

系：数码艺术设计　　专业方向：新媒介设计　　班级：新媒介　　学生数：

课程名称	网站策划与设计	周数	4	学时	68	学分	4

教学目的与要求	互联网发展至今已经成为现代人类生活中一个非常重要的信息交互平台，而这些信息的传递主要以视觉符号的形式展现给受众。网页界面设计正是要研究这些信息在网络这一特定媒介上是如何通过视觉传达等手段与受众进行交互的。网站策划与设计课程的教学目的主要是通过对网页界面设计项目的构思策划、视觉界面的设计与实现等专业知识进行讲授，并让学生通过相应的作业练习基本掌握网页界面设计中相关的设计思维与视觉表现方法。
教学内容提纲	1、《网站策划与设计》课程概述：14学时 2、网站策划与方案制定：14学时 3、网站设计风格与方法：14学时 4、专题设计 28学时
教学方法手段与教具	电脑软件的操作练习、课题的创作练习。 理论讲授、课题分析、示范作业讲评。 学生作业讲评。 构思草图与电脑作业并重。
作业题或作业量	小课题练习，网页结构 利用Dreamweaver、Flash创建网页 网页主题：***网站

教学进程表

第一周			第二周			第三周	
1	讲授		1	讲授		1	讲授
2			2			2	电脑中心上机
3			3			3	
4	讲授		4	电脑中心上机		4	电脑中心上机
5	讲授		5	电脑中心上机		5	电脑中心上机

第四周			第五周			第六周	
1	讲授		1			1	
2	电脑中心上机		2			2	
3			3			3	
4	电脑中心上机		4			4	
5	电脑中心上机		5			5	

第七周			第八周			第九周	
1			1			1	
2			2			2	
3			3			3	
4			4			4	
5			5			5	

任课教师签名	（签名）　年 月 日	教研组长签名	年 月 日

说明：本教案开课前一周制定。原件由系教学秘书存档，复印件一份张贴于教室，一份报教研组长，一份任课教师自持。

图5-44 《网站策划与设计》课程教案

5.3.2 课程作业

以下学生作品都是来自笔者任教过的课程，通过展示和点评以供读者参考，其中包括广州美术学院数码艺术设计系新媒介设计专业2004级、2005级、2006级部分学生的作品。

如图5-45至图5-49所示是2004级学生关小燕的作品，该网站是以音乐为主题的，风格把握得较为整体。该网站运用了大量的图形形式，构成了一定的节奏感，视觉上产生了流动与刺激。该网站虽有一定的互动性，但在互动的指示性方面有些不足。

如图5-50至图5-52所示是2004级学生周洁莲的作品，该网站是以饮食为主题，网站色彩运用醒目的橘黄色，导航和版式设计比较合理，视觉效果简洁，但文字风

图5-45 关小燕作品

图5-46 关小燕作品

图5-47 关小燕作品

图5-48 关小燕作品

图5-49 关小燕作品

图5-50 周洁莲作品

图5-51 周洁莲作品

图5-52 周洁莲作品

格方面还需加强。

如图5-53至图5-55所示是2005级学生吕诗鸣的作品,该网站是以个人童年记忆为主题的个人网站——"时间 游乐园"。灰色的背景让人有一种回忆的感觉,网站的特色在于插图的运用,插图与Flash相结合产生了有趣的效果。

如图5-56至图5-59所示是2005级学生梁志威的作品,该网站是以Flash动画为主要表现形式的个人网站,有"卡通形象"、"Flash动画"、"插画"等二级页面。

图5-53 吕诗鸣作品

图5-54 吕诗鸣作品

图5-55 吕诗鸣作品

图5-56 梁志威作品

图5-57 梁志威作品

图5-58 梁志威作品

图5-59 梁志威作品

网站的交互性方面做得很出色，用户可以与画面中的卡通形象进行互动。

如图5-60至图5-61所示是2005级学生李永霞的作品，该网站是个人主题网站，网站的版式相对比较固定，导航在右上侧，视觉效果传达很流畅。

如图5-62与图5-63所示是2006级学生莫汝文的作品，该网站是个人主题网站，页面构成很有创意，但功能有些不连贯，内容太分散，其中的几个窗口表现有些奇怪。

如图5-64至图5-67所示是2006级学生曾永乐的作品，该网站是523影像工作室

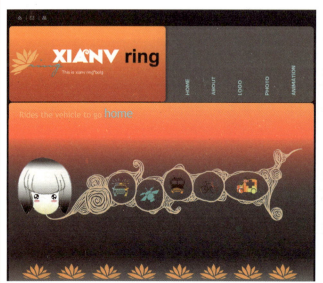

图5-60　李永霞作品　　　　　　　　　　　图5-61　李永霞作品

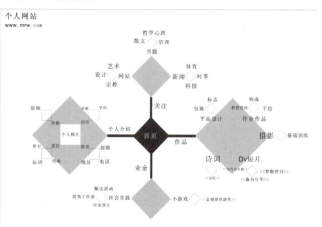

图5-62　莫汝文作品　　　　　　　　　　　图5-63　莫汝文作品结构图

| 图5-64 曾永乐作品 | 图5-65 曾永乐作品 | 图5-66 曾永乐作品 | 图5-67 曾永乐作品 |

网站,网站色彩很醒目,但3D和2D风格在一起有些混淆不清,文字排版缺乏推敲。

如图5-68至图5-70所示是2006级学生李倩的作品,该网站的作品结构图如图5-71所示。该网站是以艺术家安迪·沃霍尔为主题的网站,色彩搭配得很好,版式创意新颖,但元素组织有点乱,动画重复过多。

图5-68　李倩作品

图5-69　李倩作品

图5-70　李倩作品

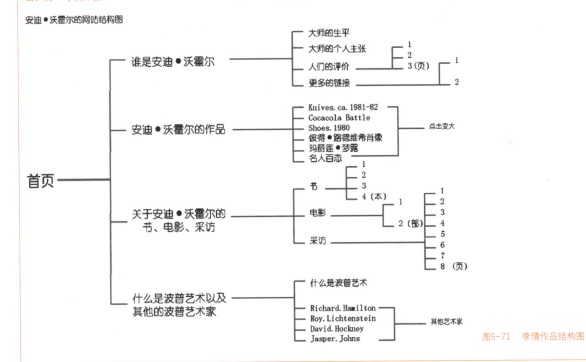
图5-71　李倩作品结构图

如图5-72至图5-75所示是2006级学生王楠的作品，该网站是个人网站，具有非常个性的风格和漂亮的插图，但留言板链接过多。

如图5-76和图5-77所示是2006级学生崔新妍的作品，该网站是个人网站，动画和色彩搭配很好，设计的字体也很有个性。

图5-72　王楠作品　　　　　　　　　　图5-73　王楠作品

图5-74　王楠作品　　　　　　　　　　图5-75　王楠作品

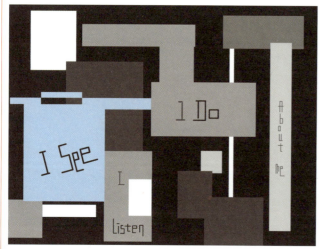 

图5-76　崔新妍作品　　　　　　　　　图5-77　崔新妍作品

练习题

1. 上网分析同类网站之间风格的异同，从现代艺术风格中寻找网站设计的灵感。
2. 结合第四章练习题2，用文字描述的方式确定其风格定位。
3. 综合所有章节练习题，做一个网站的整体策划与设计方案。

参考文献

梁景红.Web Designer Idea——设计师谈网页设计思维[M].北京：电子工业出版社，2006.
崔美善[韩]，马晓阳，刘娟.设计师谈网页风格构成[M].北京：电子工业出版社，2006.
严富昌.网站策划与设计[M].北京：北京大学出版社，2004.
阴双喜.网络营销基础：网站策划与网上营销[M].上海：复旦大学出版社，2001.
张帆，罗琦，雪晓东.网站界面设计艺术教程[M].北京：人民邮电出版社，2002.
唐炜.大型综合性中文门户网站信息组织体系分析[J].图书情报工作，2005(2)：27-31.
Jesse James Garrett.The Elements of User Experience[M].Berkeley：New Riders，2003.
魏天星.一个合格的网站策划应该知道的[EB/OL].(2006-07-01)[2008-07-01]. http://home.donews.com/donews/article/9/98367.html
Helen.[EB/OL].(2008-06-10)[2008-08-01]. http://www.netkey.com.cn/viewpoint/viewpoint_display-121.htm
网页设计师联盟.[EB/OL].(2008-06-10)[2008-10-01]. http://www.68design.net
创亿网站策划机构.[EB/OL].(2008-06-10)[2008-11-01]. http://www.ccyyw.com